SCHÄFFER
POESCHEL

Prof. Dr. Ulrike Schuldenzucker

Prüfungstraining Deskriptive Statistik

Klausur- und Prüfungsvorbereitung Deskriptive Statistik

2024
Schäffer-Poeschel Verlag Stuttgart

Prof. Dr. Ulrike Schuldenzucker ist Professorin für Mathematik und Statistik an der Hochschule Fresenius in Köln.

Bibliografische Information der Deutschen Nationalbibliothek
Die Deutsche Nationalbibliothek verzeichnet diese Publikation in der Deutschen Nationalbibliografie; detaillierte bibliografische Daten sind im Internet über http://dnb.d-nb.de abrufbar.

Print: ISBN 978-3-7910-6352-2 Bestell Nr. 20853-0002
epdf: ISBN 978-3-7910-6353-9 Bestell Nr. 20853-0100

www.schaeffer-poeschel.de
info@schaeffer-poeschel.de

September 2024

Schäffer-Poeschel Verlag Stuttgart
Ein Tochterunternehmen der Haufe Group SE

Vorwort

Die deskriptive Statistik ist eine Wissenschaft des Zählens und Messens, um aus Daten wesentliche Kenngrößen zu ermitteln. Sie bietet ein reiches Handwerkszeug, um Situationen und Prozesse beurteilen zu können und fundiert zu planen. Die Entwicklung der Umsatzzahlen der vergangenen Jahre eines Unternehmens kann helfen, eine Entscheidung zum Ausbau von Produktionsanlagen zu treffen; die Altersverteilung einer Bevölkerung ist eine notwendige Grundlage für Entscheidungen über die Entwicklung von Renten.

Das vorliegende Buch zur deskriptiven Statistik ist aus einer gleichnamigen Vorlesung entstanden, die seit einigen Semestern gehalten wird. Es ist dazu gedacht, Studierenden das Nachbereiten und Wiederholen zu erleichtern und eine gezielte Prüfungsvorbereitung zu unterstützen. Die Lehrinhalte sind im Kontext wirtschaftswissenschaftlicher Studiengänge dargestellt.

Die Methoden der Statistik werden durch Beispiele ergänzt oder anhand von Beispielen eingeführt. Die Vorgehensweisen sind am Ende jedes Kapitels rezeptartig zusammengestellt und eine Sammlung typischer Aufgaben lädt zum Üben ein. Darüber hinaus werden beispielhaft Bezüge zu weiterführenden Anwendungen geschaffen. Schließlich werden noch einige Musterklausuren angeboten, um eine konkrete Prüfungssituation nachstellen zu können.

Dieses Buch ist als Ergänzung zu Lehrveranstaltungen in deskriptiver Statistik gedacht und kann diese keinesfalls ersetzen. Es wendet sich an Studierende, die sich auf eine Prüfung zu einer Grundvorlesung in deskriptiver Statistik vorbereiten möchten.

Mein herzlicher Dank gilt dem Kollegen Daniel Sonnet, der die Bezüge zu weiterführenden Anwendungen beigesteuert hat.

Köln, im Juli 2024

Ulrike Schuldenzucker

Inhaltsverzeichnis

Benutzungshinweise

Dieser Prüfungstrainer soll Ihnen eine erfolgreiche Vorbereitung auf Prüfungen und Klausuren in deskriptiver Statistik ermöglichen. Sie können ihn unabhängig von einem bestimmten Lehrbuch verwenden und sowohl parallel zur Vorlesung als auch in der Lernphase vor der Prüfung nutzen. Durch den modularen Aufbau trägt er den Bedürfnissen und zeitlichen Möglichkeiten in unterschiedlichen Lernsituationen Rechnung. Für Ihre eigene Prüfungsvorbereitung können Sie daher aus verschiedenen Bausteinen die für Sie passenden Lernpakete auswählen.

(1) **Wiederholung des Stoffs**
Alle Prüfungsthemen werden in kompakter Form wiederholt. Die Erläuterung erfolgt durchgängig anhand typischer Beispiele, die ausführlich mit allen Rechenschritten vorgerechnet werden. Auf diese Weise können Sie den Lernstoff mit direktem Aufgabenbezug wiederholen.
Der Prüfungstrainer deckt die deskriptive Statistik für das Bachelorstudium möglichst umfassend ab. Sollten bestimmte Teile für Sie nicht relevant sein, so überspringen Sie diese einfach. Die Kapitel und Unterkapitel des Prüfungstrainers sind weitgehend unabhängig voneinander nachvollziehbar. Das Gleiche gilt entsprechend für die Aufgabenteile im Buch.

(2) **Rezeptartige Lösungswege**
In der Klausur ist es wichtig, die Lösungswege für die Standardaufgaben zu beherrschen, um diese sicher und schnell lösen zu können. Die rezeptartigen Zusammenstellungen der Lösungsschritte helfen Ihnen, die einzelnen Schritte richtig nachzuvollziehen und im entscheidenden Moment präsent zu haben.
Zu jedem »Lösungsrezept« wird eine passende Aufgabe genannt, an der der Lösungsweg durchprobiert werden kann.

(3) **Übungsaufgaben**
Eine Sammlung von Aufgaben zu jedem Thema erlaubt Ihnen die praktische Anwendung und Einübung des Gelernten. Die Aufgaben besitzen unterschiedliche Schwierigkeitsgrade und sind so ausgewählt, dass sie die verbreiteten Aufgabentypen aus Klausuren abdecken.
Der Lösungsteil zu den Übungsaufgaben ist sehr ausführlich gehalten. Alle Aufgaben werden Schritt für Schritt gelöst, sodass der Lösungsweg jederzeit nachvollziehbar bleibt.

(4) **Musterklausuren**
Im hinteren Teil des Prüfungstrainers stehen mehrere Musterklausuren zur Verfügung, mit denen Sie den »Ernstfall« proben können. Inhaltlich decken die Klausuren das ganze Themenspektrum des Bands ab. Die Aufgaben reichen von Standard- bis zu Transferaufgaben und enthalten auch mehrteilige,

aufeinander aufbauende Aufgabenstellungen, wie sie in echten Klausuren vorkommen.
Die Musterklausuren sind mit einem Punkteraster versehen, das einer Zeitvorgabe in Minuten entspricht. Das erlaubt Ihnen eine Einschätzung, wie gut Sie die Klausur zeitlich und inhaltlich bewältigt haben. Bitte beachten Sie jedoch, dass die Anforderungen an Ihrer Hochschule davon abweichen können, und informieren sich rechtzeitig, mit welchen Prüfungsthemen und Aufgabentypen sowie mit welchem Umfang und Niveau Sie in Ihrer eigenen Prüfung rechnen müssen.

(5) **Sammlung wichtiger Formeln**
Am Ende des Prüfungstrainers finden Sie eine Sammlung der Formeln, die von zentraler Bedeutung für die einzelnen Prüfungsthemen sind. Markieren Sie diejenigen Formeln, die Sie für Ihre eigene Prüfung auf jeden Fall wissen müssen.
Die Formeln sind nummeriert. In den rezeptartigen Lösungswegen und an anderen Stellen wird darauf Bezug genommen, sodass die Formelsammlung mit den übrigen Lerninhalten verknüpft wird.

Viel Erfolg für Ihre Prüfung!

Hinweis:

Dezimalzahlen wurden aus Gewohnheitsgründen mit einem Dezimalpunkt statt eines Dezimalkommas notiert.

Einleitung

Die deskriptive Statistik dient der systematischen Erfassung und Darstellung von Daten, die bestimmte Zustände oder Entwicklungen aufzeigen. Sehr viele Entscheidungen des Alltags, in Wirtschaftsunternehmen oder etwa bei der Entwicklung von Medikamenten basieren auf der Erhebung von Daten: Kommt die Straßenbahn, die jemand benötigt, häufig zu spät, muss er genügend Reserve einplanen, um pünktlich zu sein. Führt der DVBT-Empfang beim Fernsehen häufig zu Störungen, wird man überlegen, ob man die Verstärkung des Signals erhöht oder auf Satellitenempfang umstellt. Zur Beurteilung eines Investitionsprojekts werden Daten erhoben, um zu klären, welche Rückflüsse zu welchen Zeitpunkten zu erwarten sind. Für die Fortentwicklung eines Autos wird man Daten bezüglich des technischen Stands vergleichbarer Autos und bezüglich der Kundenwünsche erheben. Ein neu entwickeltes Medikament muss auf Wirksamkeit und Verträglichkeit überprüft werden; hat es häufige oder starke Nebenwirkungen, wird man weiter entwickeln müssen.

Die Erfassung von Daten erfordert zunächst einige Vorbereitungen, um sicherzustellen, dass mit Hilfe der Daten die gewünschten Ziele tatsächlich erreicht werden können. Nach der Erfassung werden die Daten tabellarisch oder grafisch aufgearbeitet, um einen ersten Überblick zu erhalten. Anschließend wird eine Analyse der Daten durchgeführt, aussagekräftige Parameter werden ermittelt und Schlussfolgerungen gezogen, soweit dies möglich ist. Diese Ergebnisse werden in geeigneter Form dargestellt. Häufig dient das Erheben und Analysieren von Daten der Vorbereitung und Absicherung von Entscheidungen, sodass der Bezug der Erkenntnisse aus den Daten zu diesen Entscheidungen herausgearbeitet werden muss.

Bei der Erhebung eines vollständigen Datensatzes erfasst man alle in einem Bereich existierenden Werte. Häufig werden allerdings Daten als Stichprobe einer größeren Grundgesamtheit erhoben, da es nicht möglich ist, alle interessierenden Werte zu erfassen. In diesem Fall werden manche Kennzahlen zum Schätzen der zugehörigen Parameter der Grundgesamtheit gegenüber einem vollständigen Datensatz leicht abgewandelt, um der Unsicherheit bezüglich der nicht erhobenen Werte Rechnung zu tragen. Beide Sichtweisen werden im vorliegenden Buch sorgfältig besprochen.

Methoden der deskriptiven Statistik reichen über eine Vielfalt von Feldern. Die Methoden, die hier angesprochen werden, beginnen nach einer einführenden Darstellung der Klassifizierung von Merkmalen mit der Behandlung eindimensionaler Datenreihen, sodass zum Beispiel charakteristische Daten eines Betriebs zusammengestellt werden können. Zusammenhänge zwischen zwei Merkmalen werden untersucht. Konzentrationseffekte wie etwa Einkommenskonzentration können grafisch wie rechnerisch erfasst werden. Parameter zur Messung von Inflation werden vorgestellt.

1 Einführung und Grundbegriffe

1.1 Begriff Statistik

Die Statistik befasst sich mit dem Sammeln und Aufbereiten von Wissen über bestimmte interessierende Merkmale. Solche Merkmale können von sehr unterschiedlicher Natur sein. Zum Beispiel die Beschreibungen der Merkmale »Haarfarbe«, »Vorliebe bei Mineralwasser«, »Körpergröße«, »Alter in Jahren« unterscheiden sich sehr stark: Haarfarben werden nur durch Worte beschrieben; Vorlieben werden ebenfalls nur durch Worte beschrieben, enthalten aber eine Präferenz. Die Körpergröße kann jeden Wert innerhalb eines bestimmten Intervalls annehmen, während beim Alter in Jahren als Werte nur natürliche Zahlen in Frage kommen. Daten, die etwa in einem Betrieb erhoben werden, weisen diese Vielfalt auf, denn sie reichen von Geschlecht und Familienstand des Personals bis hin zum Materialverbrauch oder zur Qualität einer Ware.

Die deskriptive Statistik befasst sich mit der reinen Erhebung und Analyse von Daten. Ein Datensatz wird beschrieben, tabellarisch oder grafisch dargestellt und es werden Kenngrößen ermittelt und in den Kontext gestellt.

In der induktiven Statistik nutzt man einen Datensatz als Stichprobe; das Ziel ist, aufgrund von erhobenen Daten Schlussfolgerungen über Grundgesamtheiten zu ziehen, die größer sind als der Datensatz.

1.2 Statistische Einheiten und deren Merkmale

Eine in der deskriptiven Statistik interessierende Größe wird ein *Merkmal* genannt. Die möglichen Ergebnisse beim Erheben von Daten zu diesem Merkmal heißen *Merkmalsausprägungen*; sie werden an sogenannten *Merkmalsträgern* oder *statistischen Einheiten* erhoben.

Etwa beim Merkmal »Geschlecht« werden die Ausprägungen »männlich« und »weiblich« und »divers« beobachtet, beim Merkmal »Körpergröße« liegen bei Erwachsenen die Ausprägungen meist zwischen 1.00 m und 2.20 m.

Man unterscheidet zwischen unterschiedlichen *Merkmalstypen*:

1. *Qualitative* Merkmale sind solche, die nur durch Worte beschrieben werden können.
   Diese werden weiter unterschieden:

   (a) *Nominale* Merkmale sind solche ohne natürliche Rangordnung wie etwa Haarfarbe, Beruf oder Familienstand.

(b) *Ordinal* nennt man qualitative Merkmale, die eine natürliche Rangordnung aufweisen. Hier sind zum Beispiel Güteklassen bei Lebensmitteln, Tabellenplätze einer Fußballiga oder Noten zu nennen.

2. *Quantitative* (kategoriale) Merkmale sind solche, deren Ausprägungen durch Zahlen beschrieben werden können. Sie können natürlich insbesondere der Größe nach geordnet werden.
   Unter den quantitativen Merkmalen gibt es folgende Unterscheidungen:
   (a) *Diskrete* Merkmale besitzen nur endlich viele oder abzählbar viele verschiedene Ausprägungen. Hier sind Anzahlen oder Häufigkeiten oder etwa Stunden pro Tag zu nennen.
   (b) *Stetige* Merkmale können Ausprägungen annehmen, die ein ganzen Intervall ausfüllen. Etwa Gewicht oder Körpergröße zählen dazu.

1.3 Messbarkeitseigenschaften

Der Typ eines Merkmals legt fest, auf welcher Skala es gemessen werden kann:

A) Eine *Nominalskala* beschreibt nur die Verschiedenheit der Ausprägungen.
B) Eine *Ordinalskala* bringt Merkmalsausprägungen in eine Rangordnung.
C) Eine *Metrische Skala* (*Kardinalskala*) ermöglicht rechnerische Vergleiche zwischen Merkmalsausprägungen und deren Interpretation.
   - Bei einer *Intervallskala* sind Abstände sinnvoll; zum Beispiel Temperatur [°C], Breiten- und Längengrade fallen hierunter.
   - Im Fall einer *Verhältnisskala* existiert darüber hinaus ein absoluter Nullpunkt, sodass die Ausprägungen zueinander ins Verhältnis gesetzt werden können: Beispielsweise bei der Temperatur [°K], bei Längen, Gewichten oder Einkommen ist es möglich, etwa von Verdoppelung zu sprechen.
   - Eine *Absolutskala* ist eine Verhältnisskala, die über eine natürlich gegebene Maßeinheit (»Stück«) verfügt, zum Beispiel die Zahl der Studierenden an einer Hochschule.

1.4 Rezeptartige Lösungswege

Aufgabe: Merkmalstypen und Skalen erkennen
Gegeben: Unterschiedliche Merkmale
Gesucht: Zugehörige Merkmalstypen und Skalen
Lösungsweg:
Ein Merkmal ist qualitativ, wenn die Ausprägungen nur durch Worte beschrieben werden können.
Dann ist es nominal, wenn seine Ausprägungen keine natürliche Rangfolge haben.
Zugehörige Skala: Nominalskala
Es ist ordinal, wenn seine Ausprägungen eine natürliche Rangfolge haben.
Zugehörige Skala: Ordinalskala
Ein Merkmal ist quantitativ, wenn die Ausprägungen durch Zahlen beschrieben werden können.
Zugehörige Skala: Metrische Skala
Dann ist es diskret, wenn es endlich viele oder höchstens abzählbar viele Ausprägungen gibt.
Es ist stetig, wenn die Ausprägungen ein ganzes Intervall füllen.
Zugehörige Skalen:
Intervallskala, falls kein absoluter Nullpunkt existiert
Verhältnisskala, falls ein absoluter Nullpunkt existiert; dann ist es auch möglich, etwa davon zu sprechen, dass eine Ausprägung doppelt so groß ist wie eine andere.
Absolutskala, falls zusätzlich eine natürliche Maßeinheit vorgegeben ist

s. Aufgabe 1.1, S. 6

1.5 Übungsaufgaben

Merkmalstypen und Skalen

Aufgabe 1.1
Gegeben sind die Merkmale
- Beruf
- Leistungsbeurteilung
- Kinderzahl
- Temperatur in °C
- Länge

(a) Geben Sie an, ob diese Merkmale qualitativ oder quantitativ sind.
(b) Bei qualitativen Merkmalen bestimmen Sie, ob sie nominal oder ordinal sind. Bei quantitativen Merkmalen geben Sie an, ob sie diskret oder stetig sind.
(c) Geben Sie die zugehörige Skala an.

Aufgabe 1.2
(a) Beschreiben Sie, was qualitative von quantitativen Merkmalen unterscheidet.
(b) Welche Eigenschaft eines qualitativen Merkmals bewirkt, dass es ordinal ist?
(c) Was unterscheidet bei quantitativen Merkmalen diskrete von stetigen?
(d) Was zeichnet ein Merkmal aus, das man auf einer Absolutskala misst?

1.6 Lösungen

Merkmalstypen und Skalen

Lösung 1.1

- Beruf: Qualitativ, nominal. Nominalskala
- Leistungsbeurteilung: Qualitativ, ordinal. Ordinalskala
- Kinderzahl: Quantitativ, diskret. Metrisch, Absolutskala
- Temperatur in °C: Quantitativ, stetig. Metrisch, Intervallskala. In der Regel wird das Merkmal diskretisiert.
- Länge: Quantitativ, stetig. Metrisch, Verhältnisskala

Lösung 1.2

(a) Qualitative Merkmale können nur durch Worte beschrieben werden, quantitative Merkmale werden durch Zahlen beschrieben.

(b) Bei einem ordinalen Merkmal können die Ausprägungen angeordnet werden, es gibt eine Hierarchie.

(c) Ein diskretes Merkmal besitzt Ausprägungen, die durchnummeriert werden können. Bei einem stetigen Merkmal füllen die Ausprägungen ein ganzes Intervall.

(d) Ein Merkmal wird auf einer Absolutskala gemessen, wenn es quantitativ ist, einen absoluten Nullpunkt besitzt und es nur eine natürliche Maßeinheit gibt.

2 Eindimensionale Datenreihen

2.1 Datensatz/Stichprobe

2.1.1 Absolute und relative Häufigkeiten, empirische Verteilungsfunktion

Beim Erfassen von Daten wird die Anzahl der Daten mit n abgekürzt. Für den Fall, dass die Daten als Stichprobe einer größeren Grundgesamtheit dienen, heißt diese Anzahl auch Stichprobenlänge. Daten werden mit dem Buchstaben x bezeichnet, der Datensatz wird als n-Tupel der Messwerte durchnummeriert in der Form

$$(x_1, \dots, x_n).$$

Die möglichen oder gemessenen verschiedenen Merkmalsausprägungen werden bezeichnet als

$$a_1, \dots, a_m.$$

Bemerkung:
Stellvertretend für die Indizes, also die Zahlen, die die Messwerte oder Ausprägungen durchnummerieren, wählt man einen Buchstaben. Häufig ist dieser allgemeine Index i oder j oder k.

Die Daten $x_1, \dots, x_n$ werden mit dem Index i nummeriert. Zur allgemeinen Beschreibung für die durchnummerierten Ausprägungen $a_1, \dots, a_m$ wird ein *Laufindex* j benutzt.

Die absolute Häufigkeit, mit der eine Merkmalsausprägung a_j im Datensatz vorkommt, ist

$$h_j = h_n(a_j).$$

Die relative Häufigkeit, also der Anteil, zu dem eine Merkmalsausprägung a_j im Datensatz vorkommt, ist

$$r_j = r_n(a_j) = \frac{h_j}{n}.$$

Die Summe der absoluten Häufigkeiten ist $\sum_{j=1}^{m} h_j = n$; die relativen Häufigkeiten summieren sich zu $\sum_{j=1}^{n} r_j = 1$. Hierbei wird das große griechische Sigma Σ als Symbol für das Aufsummieren verwendet. Unten am $\sum$ notiert man, bei welchem Index die Summation beginnt, oben notiert man den größten verwendeten Index. Als absolute Häufigkeitsverteilung bezeichnet man die Zusammenstellung der Paare (a_j, h_j) der Ausprägungen und ihrer absoluten Häufigkeiten. Die relative Häufigkeitsverteilung besteht aus den Paaren (a_j, r_j). Beide Verteilungen können in Form von Tabellen dargestellt werden.

Beispiel:
Sie möchten einen Eindruck von der Lohnverteilung in einem Niedriglohnsektor von 1500 bis 2000 Euro bekommen, um substantiiert über Mindestlöhne diskutieren zu können.
Vorbereitende Überlegungen:

- Sie identifizieren Ihre Ziele: Sie möchten den Niedriglohnsektor kennenlernen.
- Die interessierende Gesamtheit besteht aus allen Beschäftigten in diesem Sektor.
- Erhebbar ist nur eine Stichprobe.
- Das interessierende Merkmal ist das Monatseinkommen.
- Dieses Merkmal ist quantitativ und diskret.
- Die Skala ist metrisch.

Erfassen von Daten:
Es wurden die Monatseinkommen von $n = 50$ Personen erhoben:

$x_1 = 1600$ $x_2 = 1900$ $x_3 = 1800$ $x_4 = 1950$ $x_5 = 1850$
$x_6 = 1600$ $x_7 = 2000$ $x_8 = 1950$ $x_9 = 2000$ $x_{10} = 1900$
$x_{11} = 1950$ $x_{12} = 1900$ $x_{13} = 1800$ $x_{14} = 1950$ $x_{15} = 1950$
$x_{16} = 1850$ $x_{17} = 1850$ $x_{18} = 1950$ $x_{19} = 2000$ $x_{20} = 1950$
$x_{21} = 1900$ $x_{22} = 1900$ $x_{23} = 1850$ $x_{24} = 2000$ $x_{25} = 1800$
$x_{26} = 1900$ $x_{27} = 1850$ $x_{28} = 1600$ $x_{29} = 1500$ $x_{30} = 1900$
$x_{31} = 1850$ $x_{32} = 1800$ $x_{33} = 1850$ $x_{34} = 1950$ $x_{35} = 1900$
$x_{36} = 1800$ $x_{37} = 1850$ $x_{38} = 1750$ $x_{39} = 2000$ $x_{40} = 1800$
$x_{41} = 1850$ $x_{42} = 1900$ $x_{43} = 1850$ $x_{44} = 1950$ $x_{45} = 1600$
$x_{46} = 1500$ $x_{47} = 1850$ $x_{48} = 1800$ $x_{49} = 1950$ $x_{50} = 1650$

Aus den Daten erstellt man zunächst eine Strichliste:

<table>
<tr><th>Monatliches Einkommen</th><th>Absolute Häufigkeit</th></tr>
<tr><td>$a_1 = 1500$</td><td>||</td></tr>
<tr><td>$a_2 = 1550$</td><td></td></tr>
<tr><td>$a_3 = 1600$</td><td>||||</td></tr>
<tr><td>$a_4 = 1650$</td><td>|</td></tr>
<tr><td>$a_5 = 1700$</td><td></td></tr>
<tr><td>$a_6 = 1750$</td><td>|</td></tr>
<tr><td>$a_7 = 1800$</td><td>𝍸 ||</td></tr>
<tr><td>$a_8 = 1850$</td><td>𝍸 𝍸 |</td></tr>
<tr><td>$a_9 = 1900$</td><td>𝍸 ||||</td></tr>
<tr><td>$a_{10} = 1950$</td><td>𝍸 𝍸</td></tr>
<tr><td>$a_{11} = 2000$</td><td>𝍸</td></tr>
</table>

Datenaufbereitung:

(a) Tabellarische Darstellung:

Monatliches Einkommen	Absolute Häufigkeit	Relative Häufigkeit
$a_1 = 1500$	$h_1 = 2$	$r_1 = 0.04$
$a_2 = 1550$	$h_2 = 0$	$r_2 = 0.00$
$a_3 = 1600$	$h_3 = 4$	$r_2 = 0.08$
$a_4 = 1650$	$h_4 = 1$	$r_4 = 0.02$
$a_5 = 1700$	$h_5 = 0$	$r_4 = 0.00$
$a_6 = 1750$	$h_6 = 1$	$r_4 = 0.02$
$a_7 = 1800$	$h_7 = 7$	$r_7 = 0.14$
$a_8 = 1850$	$h_8 = 11$	$r_8 = 0.22$
$a_9 = 1900$	$h_9 = 9$	$r_9 = 0.18$
$a_{10} = 1950$	$h_{10} = 10$	$r_{10} = 0.20$
$a_{11} = 2000$	$h_{11} = 5$	$r_{10} = 0.10$

Bei der tabellarischen Darstellung werden in der ersten Spalte die *verschiedenen* Merkmalsausprägungen aufgelistet.

(b) Grafische Darstellung durch Balkendiagramme:

Auf der waagerechten Achse (Abszisse) sind die Merkmalsausprägungen aufgetragen, auf der senrechten (Ordinate) die Häufigkeiten.

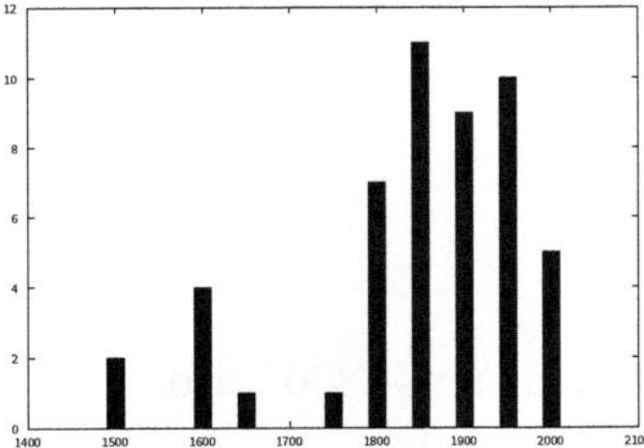

Absolute Häufigkeiten

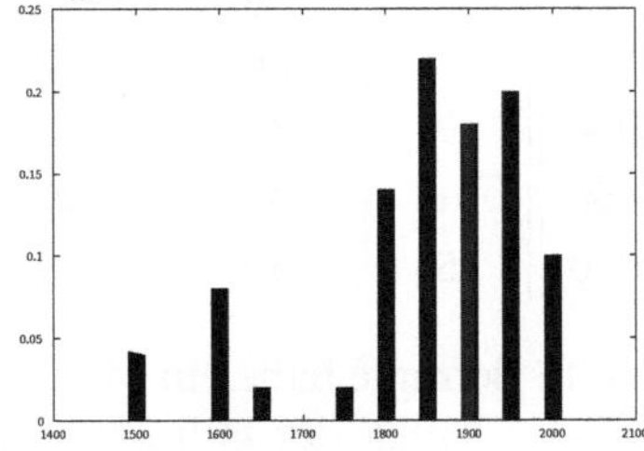

Relative Häufigkeiten

Zur Beantwortung von Fragen zu Anzahlen oder Anteilen der Daten mit Messwerten bis zu einer gewissen Grenze oder ab einer gewissen Grenze erweitert man die Tabelle um die absolute Summenhäufigkeit $H_n(a_j)$ und die relative Summenhäufigkeit $F_n(a_j)$, die auch *empirische Verteilungsfunktion* genannt wird. Diese beiden Funktionen entstehen durch sukzessives Addieren der absoluten beziehungsweise relativen Häufigkeiten. Diese kumulierten Häufigkeiten können in jeder beliebigen Zahl x ausgewertet werden, denn sie spiegeln die Anzahl beziehungsweise den Anteil der Daten wider, die kleinergleich x sind:

$$H_n(x) = \sum_{j \text{ mit } a_j \leq x} h_j$$
$$F_n(x) = \sum_{j \text{ mit } a_j \leq x} r_j = \frac{1}{n} \sum_{j \text{ mit } a_j \leq x} h_j = \frac{1}{n} H_n(x)$$

Am Beispiel:

(a) Bestimmen Sie die Anzahl der Befragten mit einem Monatskeinkommen von höchstens 1800 Euro.
(b) Berechnen Sie den Anteil der Befragten mit einem Monatseinkommen von höchstens 1700 Euro.
(c) Errechnen Sie den Prozentsatz der Befragten mit einem Monatseinkommen von mindestens 1750 Euro.

Lösung:
Erweiterung der Tabelle um die absolute Summenhäufigkeit und die empirische Verteilungsfunktion:

a_j	$h(a_j)$	$H_n(a_j)$	$r(a_j)$	$F_n(a_j)$
1500	2	2	0.04	0.04
1550	0	2	0.00	0.04
1600	4	6	0.08	0.12
1650	1	7	0.02	0.14
1700	0	7	0.00	0.14
1750	1	8	0.02	0.16
1800	7	15	0.14	0.30
1850	11	26	0.22	0.52
1900	9	35	0.18	0.70
1950	10	45	0.20	0.90
2000	5	50	0.10	1.00

(a) 15 Befragte habe ein Monatseinkommen von höchstens 1800 Euro.
(b) Der Anteil der Befragten mit einem Monatseinkommen von höchstens 1700 Euro liegt bei 14 %.
(c) Der Prozentsatz der Befragten mit einem Monatseinkommen von mindestens 1750 ist

$$(100 - 0.14 \cdot 100)\% = 86\,\%$$

Die Graphen von absoluter Summenhäufigkeitsfunktion und empirischer Verteilungsfunktion sind monoton steigende Treppenfunktionen.

Am Beispiel:

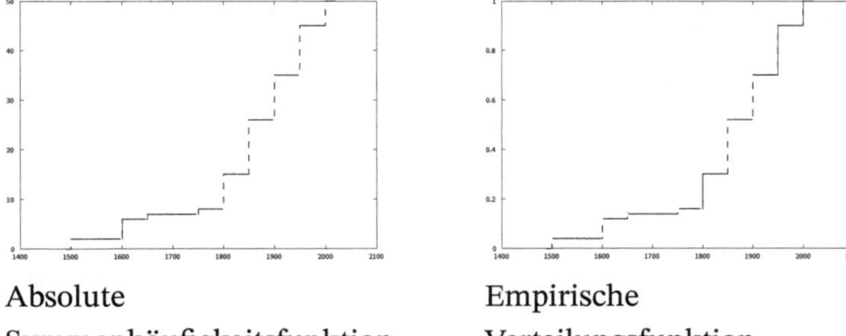

Absolute Summenhäufigkeitsfunktion

Empirische Verteilungsfunktion

2.1.2 Klasseneinteilung

Bei manchen Datensätzen ist es günstig, die Messwerte in Klassen zusammenzufassen. Das wird etwa bei einem stetigen Merkmal wegen der Messungenauigkeit nötig sein, aber auch bei diskreten Merkmalen können Klassen die Daten übersichtlicher darstellen.

Beispiele:

- Einkommensklassen
- Mietspiegel (abhängig von der Wohnungsgröße)
- Unfallstatistik, etwa bezüglich der Zeit bis zum ersten Unfall nach dem Führerscheinerwerb

Bei der Erstellung von Klassen muss immer festgelegt werden, zu welchen Klassen die Klassengrenzen gehören. Häufig werden halboffene, nach oben geschlossene Klassen gewählt. Alternativ sind auch halboffene, nach unten geschlossene Klassen möglich. Die unterste Klasse wird meist nach unten geschlossen gewählt, die oberste nach oben geschlossen.

Bei der Darstellung von Klassen ist es üblich, dass ein Endpunkt einer Klasse zur Klasse gehört, wenn die zugehörige Klammer sich der Klasse zuwendet: $[a, b]$. Ein Endpunkt gehört nicht zur Klasse, wenn die zugehörige Klammer sich von der Klasse wegwendet. Halboffene nach oben geschlossene Klassen sind also von der Gestalt $]a, b]$; halboffene nach unten geschlossene Klassen sind von der Gestalt $[a, b[$.

Beispiele:

- Einkommen: $[0, 500],]500, 1000],]1000, 2000], \ldots$ sind Klassen, bei denen die unterste nach unten und oben geschlossen ist, die weiteren Klassen sind halboffene, nach oben geschlossene Klassen.
  Hier gehören also die Zahlen 0 und 500 zur ersten Klasse, die Zahl 1000 gehört zur zweiten Klasse, die Zahl 2000 zur dritten. Zu beachten ist, dass etwa in der zweiten Klasse jede Zahl liegt, die größer als 500 und kleinergleich 1000 ist; so gehört die Zahl 500.00000001 zur zweiten Klasse.
- Wohnungsgröße: $[10, 30],]30, 50],]50, 70],]70, 100],]100, 150],]150, 300]$ sind ebenfalls halboffene, nach oben geschlossene Klassen bis auf die unterste Klasse, die nach unten und oben geschlossen ist.
- Körpergröße auf 2 cm genau, mit halboffenen, nach unten geschlossenen Klassen: $[160, 162[, [162, 164[, [164, 166[, \ldots$

Beispiel:
Bei einer Kontrolle in einer Tempo-30-Zone wurden folgende Geschwindigkeitsüberschreitungen festgestellt:

Geschwindigkeit:	31	33	35	37	39	41	43	45	47	49	55
Häufigkeit:	2	5	3	8	3	1	9	3	3	2	1

Die Höhe des Verwarngeldes ist an Grenzen gebunden:

Geschwindigkeitsklasse:	]30, 35]	]35, 50]	]50, 70]	...
Verwarngeld:	10 Euro	20 Euro	50 Euro	...

(a) Auf welchen Betrag belaufen sich die Einnahmen der Stadt?
(b) Wie viele Fahrer zahlten das geringste Bußgeld?
(c) Welcher Prozentsatz der Fahrer fuhr höchstens 50 km/h?
(d) Welcher Anteil der Fahrer fuhr mehr als 35 km/h?

Lösung:

Klasse	Verwarngeld	Absolute Häufigkeit	Relative Häufigkeit	Absolute Summenhäufigkeit	Empirische Verteilungsfunktion
]30, 35]	10	10	0.25	10	0.25
]35, 50]	20	29	0.725	39	0.975
]50, 70]	50	1	0.025	40	1

(a) Einnahmen der Stadt:
$10 \cdot 10 + 29 \cdot 20 + 1 \cdot 50 = 730$ Euro
(b) Das geringste Bußgeld bezahlen 10 Fahrer.
(c) Bis einschließlich 50 km/h fuhren 39 Fahrer, entsprechend 97.5 %.
(d) Der Anteil der Fahrer, die mehr als 35 km/h fuhren, liegt bei
$1 - 0.25 = 0.75$.

Bezeichnungen:

Klassen werden bezeichnet mit:	$K_1, K_2, \dots, K_m$
Die *Untergrenze* der j-ten Klasse ist:	x^*_{j-1}
Die *Obergrenze* der j-ten Klasse ist:	x^*_j
Die *Breite* der j-ten Klasse ist:	$b_j = x^*_j - x^*_{j-1}$
Die *Klassenmitte* der j-ten Klasse ist:	$x'_j = x^*_{j-1} + \frac{b_j}{2}$

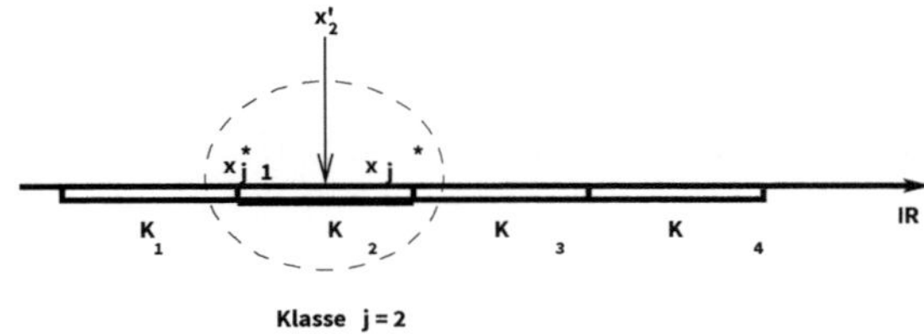

Die *absolute Klassenhäufigkeit* h_j ist die absolute Anzahl der Beobachtungswerte in einer Klasse.

Die *relative Klassenhäufigkeit* $r_j = \frac{h_j}{n}$ ist die relative Anzahl der Beobachtungswerte in einer Klasse.

Dabei ist die Anzahl der Daten $n = \sum_{j=1}^{k} h_j$.

Recht beliebt ist eine Klasseneinteilung mit gleichen Klassenbreiten, sogenannten *äquidistanten* Klassengrenzen. Wie man am obigen Beispiel sieht, kann eine Situation auch unterschiedlich breite Klassen erfordern; insbesondere für Randklassen bietet es sich manchmal an, sie breiter zu wählen, da sie häufig sehr schwach besetzt sind.

Empirische/klassierte Verteilungsfunktion:
Die empirische Verteilungsfunktion an einer Klassengrenze x^*_j ist gerade die Summe der relativen Klassenhäufigkeiten aller Klassen links dieser Grenze:

$$F_n(x^*_j) = \sum_{i=1}^{j} r_i$$

Die empirische Verteilungsfunktion zwischen Klassengrenzen wird durch die *klassierte Verteilungsfunktion* geschätzt, die man durch geradlinige Verbindung der Werte an den Klassengrenzen erhält. Dies wird ausgedrückt durch die Formel:

$$F_n(x) \approx F_n(x^*_{j-1}) + r_j \cdot \frac{(x - x^*_{j-1})}{b_j}$$

Am Beispiel:
Geschwindigkeitsüberschreitungen:
Aufgrund der Verwarngelder sind folgende Klassen sinnvoll:

Klassen	Klassierte Verteilungsfunktion
(30, 35]	0.25
(35, 50]	0.975
(50, 70]	1.00

Frage:
Welcher Anteil der zu schnellen Autos fuhr maximal 40 km/h?

Antwort:
40 km/h liegt in Klasse]35, 50]. Auf der y-Achse wird die Höhe abgetragen, die der Graph von F_n bis $x = 40$ erreicht: Der Graph der Verteilungsfunktion besteht aus Geradenstücken; das Geradenstück, das zu der Klasse gehört, in der 40 liegt, beginnt auf der Höhe 0.25 und legt ab dort eine Höhe von 0.725 zurück. Daher entsteht der Wert der Verteilungsfuntion anteilig aus dem Teil, der innerhalb der Klasse bis 40 zurückgelegt wird, im Verhältnis zur Gesamtlänge der Klasse als

$$F_n(40) \quad \approx 0.25 + 0.725 \cdot \frac{40-35}{50-35} \quad = 0.49$$

Etwa 49 % der Fahrer fuhren maximal 40 km/h.

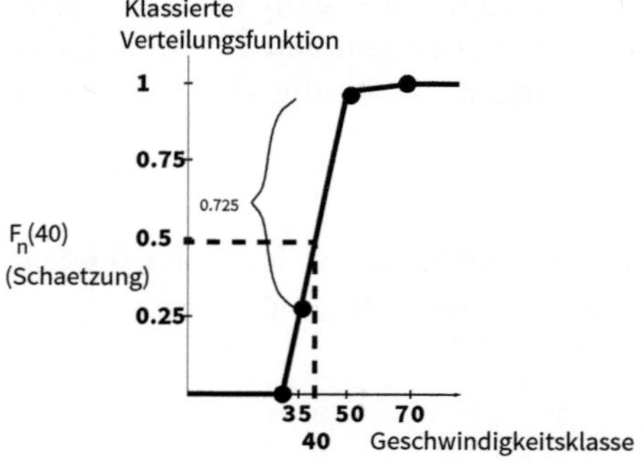

Allgemein:

Die klassierte Verteilungsfunktion einer Zahl $x \in]x^*_{j-1}, x^*_j]$, die in der j-ten Klasse liegt, wird näherungsweise definiert:

$$F_n(x) \quad \approx F_n(x^*_{j-1}) + r_j \cdot \frac{(x - x^*_{j-1})}{b_j} \quad .$$

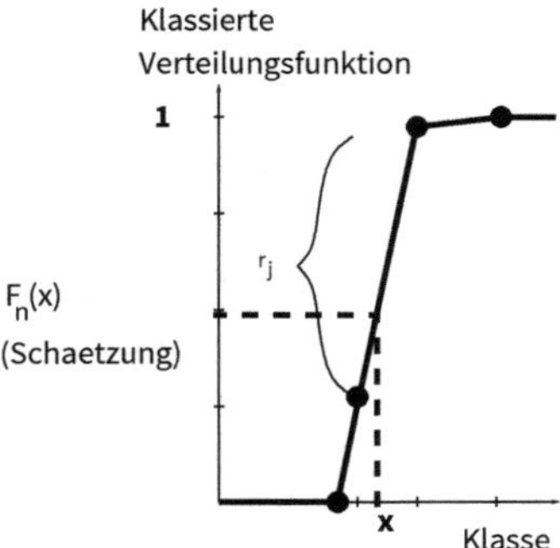

2.1.3 Grafische Darstellungen

Die grafische Darstellung von Daten stellt eine Ergänzung zur tabellarischen Darstellung dar.

Wesentliche Aspekte bei der tabellarischen Darstellung sind Übersichtlichkeit, leichte Lesbarkeit und Eindeutigkeit der Bezeichnungen. Üblich ist folgende Symbolik:

x Angabe wird nicht gemacht

- Zahlenwert = 0

0 Zahlenwert > 0, aber in den Einheiten der Tabelle nicht darstellbar

Eine grafische Darstellung ist möglich durch Symbole, Strecken, Flächen oder Volumina.

(1) **Darstellung durch Symbole**

Beispiel:
Untersuchung zum Fernsehkonsum von Männern

Alternative 1:		Alternative 2:	
bevorzugt	Häufigkeit	bevorzugt	Häufigkeit
Actionfilme		Actionfilme	
Liebesfilme		Liebesfilme	

Diese Art der Darstellung hat den Nachteil, dass häufig nicht klar ist, welches Kriterium zur Darstellung herangezogen wurde: Die Höhe der Figuren, die Breite der Figuren, die Fläche der Figuren oder etwa ein anderes Maß.

(2) **Darstellung durch Strecken**

Balkendiagramm (Stabdiagramm)

Beispiel:
Geschwindigkeitsüberschreitung

Klasse	Verwarngeld	Absolute Häufigkeit	Relative Häufigkeit	Absolute Summenhäufigkeit	Empirische Verteilungsfunktion
]30, 35]	10	10	0.25	10	0.25
]35, 50]	20	29	0.725	39	0.975
]50, 70]	50	1	0.025	40	1

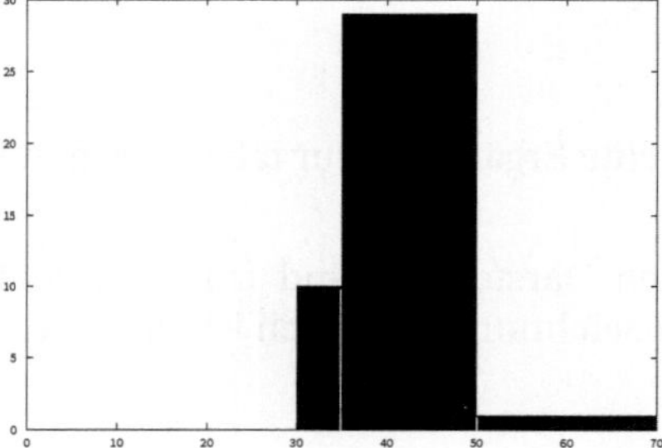

Auf der Abszisse sind die Ausprägungen aufgetragen. Die Ordinate gibt absolute beziehungsweise relative Häufigkeiten an.
Über jedem Merkmalswert beziehungsweise jeder Klasse wird ein Stab aufgetragen, dessen Höhe die angegebene Häufigkeit ist.

Häufigkeitspolygon

Die Punkte, deren Koordinaten die Ausprägung und ihre absolute oder relative Häufigkeit sind, werden durch Streckenzüge miteinander verbunden. Diese Art der Darstellung wird häufig bei Zeitreihen genutzt.

Beispiel:
Häufigkeit, mit der eine Person mit dem Fahrrad ins Büro fährt:

Jahr	Häufigkeit
2018	23
2019	25
2020	22
2021	31
2022	35
2023	37

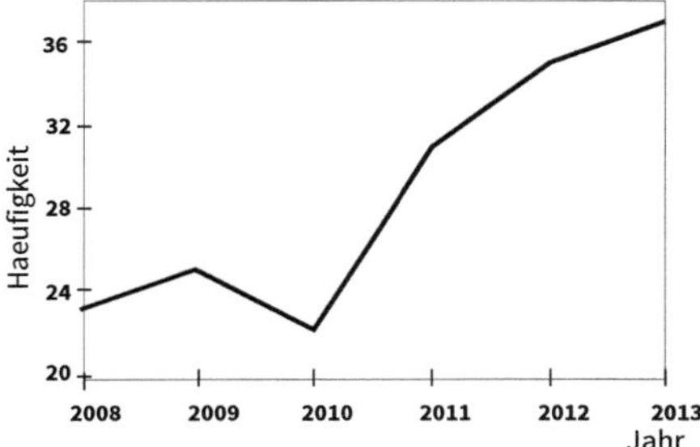

(3) **Darstellung durch Flächen**

Histogramm

Beim Histogramm werden auf der waagerechten Achse die Merkmalsausprägungen notiert; über jeder Ausprägung wird ein Rechteck aufgetragen, dessen *Fläche* dem Anteil dieser Ausprägung an den Daten entspricht. Die Höhe des Rechtecks hängt daher von seiner Breite ab. Nur, wenn ein Rechteck die Breite 1 hat, entspricht die Höhe der relativen Häufigkeit.

Beispiel:
Geschwindigkeitsüberschreitung

Klasse	Relative Häufigkeit	Rechteckhöhe
]30, 35]	0.25	$\frac{0.25}{5} = 0.05$
]35, 50]	0.725	$\frac{0.725}{15} = 0.048\bar{3}$
]50, 70]	0.025	$\frac{0.025}{20} = 0.00125$

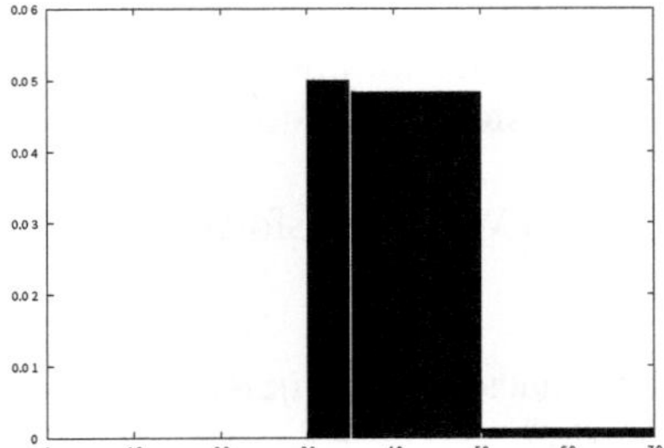

Kreisdiagramm

Beim Kreisdiagramm wird die Gesamtheit der erhobenen Daten als Kreis dargestellt; dieser wird in Sektoren eingeteilt, wobei die Sektorfläche proportional zur relativen Häufigkeit ist.

Beispiel:
Sitzverteilung des 20. Deutschen Bundestags

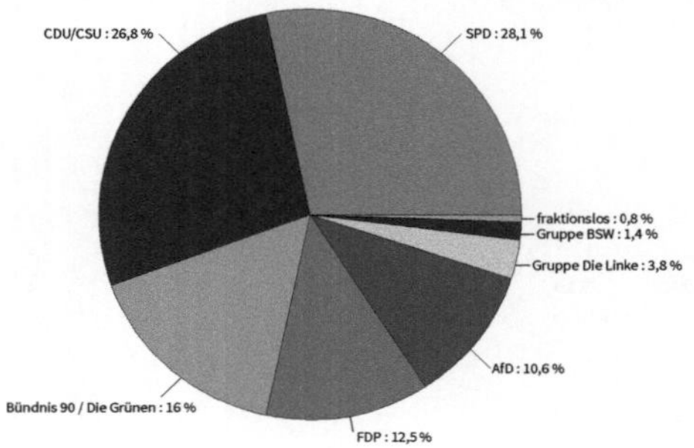

2.2 Datenquellen

(1) *Amtliche Statistiken*
Es gibt viele amtliche Statistiken, die jeder Bürger nutzen kann, etwa das Statistische Bundesamt, Statistische Landesämter und Gemeindeämter. *EUROSTAT* ist das Statistische Amt der Europäischen Union; es ist zuständig für die Harmonisierung von Datenerhebungen und Auswertungen.

(2) *Veröffentlichungen amtlicher Statistiken*
Amtliche Statistiken werden zum Beispiel im Statistischen Jahrbuch der Bundesrepublik Deutschland oder in monatlichen Veröffentlichungen des Statistischen Bundesamtes in »Wirtschaft und Statistik« veröffentlicht.
Im Internet sind Veröffentlichungen etwa zu finden unter *www.destatis.de* und *www.epp.eurostat.ec.europa.eu.*

(3) *Nichtamtliche Statistiken*
Etwa Wirtschaftsverbände, Versicherungen, Unternehmen, Verwaltungen, Verbände, Gewerkschaften, Markt-, Meinungsforschungsinstitute, Sachverständigenräte veröffentlichen Statistiken.
Darüber hinaus gibt es Veröffentlichungen von Wirtschaftsforschungsinstituten wie
Ifo: *www.ifo.de*
Deutsches Institut für Wirtschaftsforschung: *www.diw-berlin.de*
Institut für Weltwirtschaft: *www.uni-kiel.de/ifw*
RWI: *www.rwi-essen.de*
Institut für Wirtschaftsforschung: *www.iwh-halle.de*

(4) *Online-Datenbanken*

2.3 Missbrauchsprobleme

Beispiel:
Student A geht dreimal in der Mensa essen. Zweimal gibt es Schnitzel.

Schlussfolgerung: In der Mensa gibt es meist Schnitzel.

- Fehler: Die Anzahl der Daten war zu klein.

Beispiel:
Eine Befragung in einem Kölner Brauhaus ergab:
Von 273 Anwesenden tranken 241 Kölsch, keiner Pils, 32 Alkoholfreies.
$\frac{241}{273} \approx 0.88$.

Schlussfolgerung: 88 % der Menschen in Deutschland trinken gern Kölsch.

- Fehler: Die Teilmenge ist nicht repräsentativ für diese Grundgesamtheit.

Beispiel:
Jährliche Geburtenzahl vs. Anzahl der Storchenpaare:

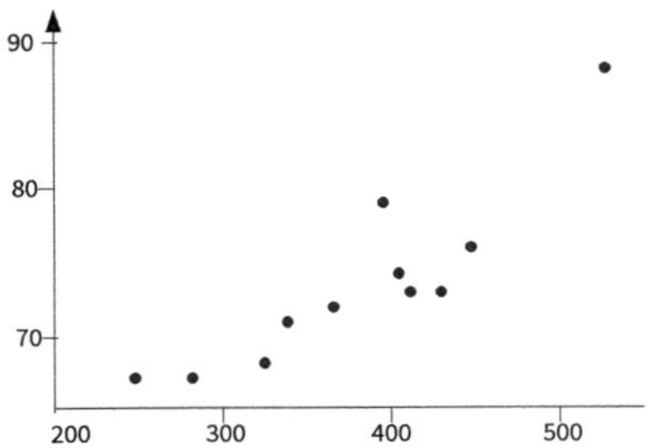

Auf der waagerechten Achse sind die Anzahlen von Storchenpaaren aufgeführt, auf der senkrechten die Geburtenzahlen bei Menschen.

Schlussfolgerung: Storchenpaare bewirken Geburten.

- Fehler: Der Zusammenhang ist nicht ursächlich.

Beispiel:
An einer Fachhochschule mit 1000 Studierenden nahmen 20 an der Statistik-Klausur teil. Jeder zweite Studierende bestand die Klausur nicht.

Behauptung des Dozenten:
Die Durchfallquote beträgt 1 %.
Seine Rechnung: 10 von 1000 = 1 %.

- Fehler: Der Dozent bezog sich auf die falsche Grundgesamtheit.

Beispiel:
Durchschnittliche Monatstemperatur über 8 Jahre:

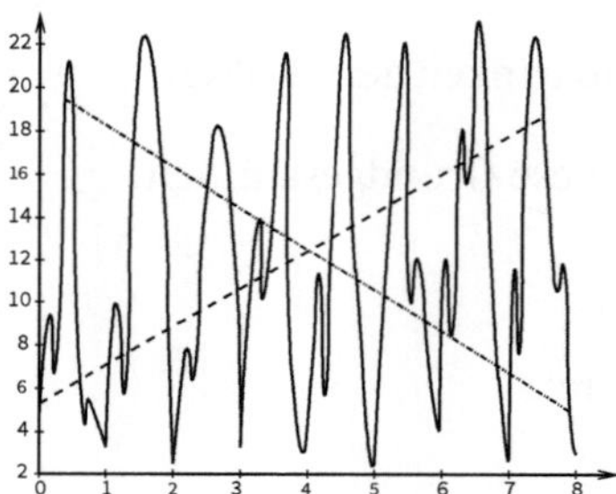

Auf der waagerechten Achse sind acht Jahre abgetragen, auf der senkrechten die Tages-Durchschnittstemperaturen.

Behauptung 1: Aufgrund der Auswahl der Datenpunkte, die von der steigenden Geraden erfasst werden, wird behauptet, die Temperatur sei in den letzten 8 Jahren kontinuierlich angestiegen.

Behauptung 2: Aufgrund der Auswahl der Datenpunkte, die von der fallenden Geraden erfasst werden, wird behauptet, die Temperatur sei in den letzten 8 Jahren kontinuierlich gefallen.

- Fehler: Es wurden jeweils willkürlich Datenpunkte ausgewählt.

2.4 Lageparameter

Lageparameter sind Kenngrößen einer Stichprobe, die die Lage der Daten auf der verwendeten Skala beschreiben.

2.4.1 Modalwert

- Der *Modus* oder *Modalwert* einer Stichprobe ist die häufigste Merkmalsausprägung x_M.

Beispiel:

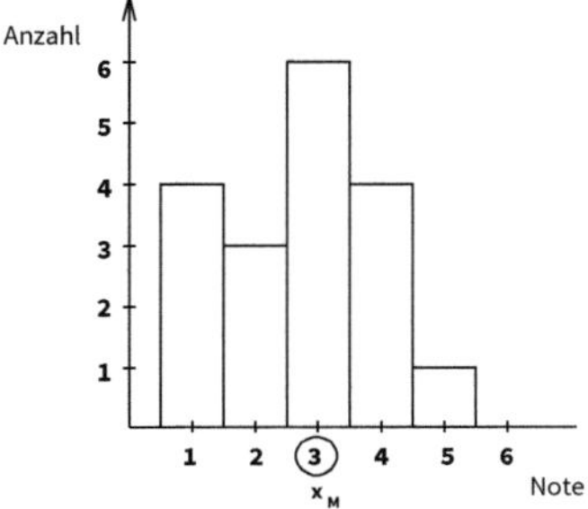

Falls es mehrere häufigste Ausprägungen gibt, gibt es mehrere Modalwerte.

Bei *nominalen* Merkmalen ohne natürliche Rangordnung ist der Malwert der *einzige* sinnvolle Lageparameter.

Schätzung des Modalwerts bei Klassenbildung:

- **Modalklasse** K_{j_0} ist diejenige Klasse mit der größten Klassendichte.
  Dann wird der Modalwert durch die Mitte dieser Klasse geschätzt:
  $x_M \approx x'_{j_0}$

2.4.2 Arithmetisches Mittel

Voraussetzung zur Berechnung eines arithmetischen Mittels ist ein metrisch skaliertes Merkmal.

- Das *arithmetische Mittel* einer Messreihe ist die Summe der Messwerte in Relation zur Anzahl der Messwerte:
  $$\bar{x} = \frac{\text{Summe der Messwerte}}{\text{Anzahl der Messwerte}}$$

Das Produkt aus der Anzahl der Daten und dem arithmetischen Mittel ist die Gesamtsumme der Daten: $n \cdot \overline{x} = \sum_{i=1}^{n} x_i$.

Beispiel:
Durchschnittliches Jahreseinkommen von sechs Personen in Tsd. Euro:

$x_1 = 25 \quad x_2 = 30 \quad x_3 = 35 \quad x_4 = 40 \quad x_5 = 40 \quad x_6 = 50$

Arithmetisches Mittel: $\bar{x} = \frac{25+30+35+40+40+50}{6} = 36.\bar{6}$

Beispiel:
Durchschnittliches Jahreseinkommen von dreizehn Personen

Einkommen [Tsd. Euro]	h_j	r_j
$a_1 = 25$	1	0.077
$a_2 = 30$	2	0.154
$a_3 = 35$	4	0.308
$a_4 = 40$	5	0.385
$a_5 = 50$	1	0.077

Arithmetisches Mittel:

$$\begin{aligned}\bar{x} &= \frac{1 \cdot 25 + 2 \cdot 30 + 4 \cdot 35 + 5 \cdot 40 + 1 \cdot 50}{13} = 36.54 \\ &= 0.077 \cdot 25 + 0.154 \cdot 30 + 0.308 \cdot 35 + 0.385 \cdot 40 + 0.077 \cdot 50\end{aligned}$$

- *Arithmetisches Mittel*

$$\begin{aligned}\overline{x} &= \frac{1}{n} \sum_{i=1}^{n} x_i && \text{(1) aus Urdaten} \\ &= \frac{1}{n} \sum_{j=1}^{m} h_j \cdot a_j && \text{(2) aus Häufigkeitsdaten} \\ &= \sum_{j=1}^{n} r_j \cdot a_j\end{aligned}$$

Lageregeln:

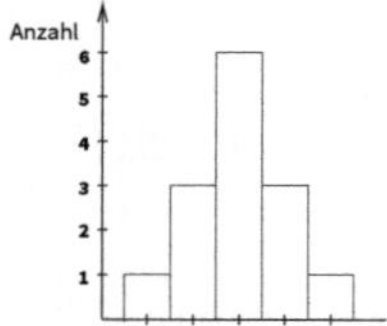

Bei einer symmetrischen Verteilung gilt: $\bar{x} \approx \tilde{x} \approx x_M$ ($\tilde{x}$ Median, s. S. 26)

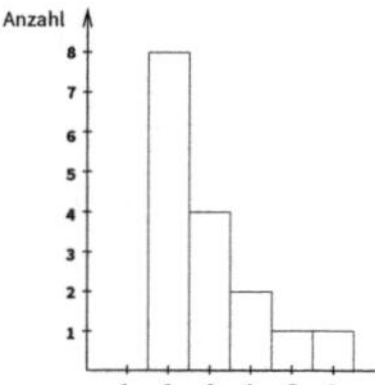

Bei einer linkssteilen Verteilung gilt: $\bar{x} > \tilde{x} > x_M$

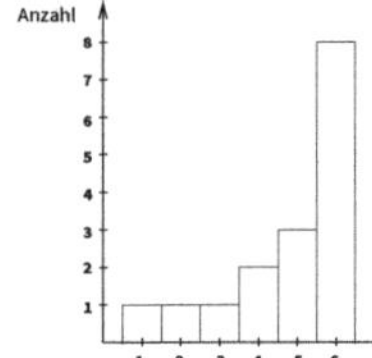

Bei einer rechtssteilen Verteilung gilt: $\bar{x} < \tilde{x} < x_M$

Schätzung des arithmetischen Mittels bei Klassenbildung:

Das arithmetische Mittel wird näherungsweise bestimmt als Summe der Produkte aus dem Anteil der Daten in jeder Klasse und ihrer Klassenmitte:

- $$\begin{aligned} \overline{x} &\approx \tfrac{1}{n} \textstyle\sum_{j=1}^{k} h_j \cdot x_j' \qquad \text{mit } x_j' = \text{Mitte der } j\text{-ten Klasse} \\ &= \textstyle\sum_{j=1}^{k} r_j \cdot x_j' \end{aligned}$$

Beispiel:
Bei einem Sportverein gibt es drei Beitragsklassen:
Kinder und Jugendliche zahlen einen Monatsbeitrag von 10 Euro, der erste Erwachsene einer Familie zahlt 20 Euro monatlich, weitere Erwachsene einer Familie zahlen 15 Euro.
In diesem Verein sind 60 % der Mitglieder Kinder oder Jugendliche, von den Erwachsenen ist ein Viertel erstes Familienmitglied im Verein.
Mit welchem durchschnittlichen Monatsbeitrag kann der Kassierer kalkulieren?

Lösung:
B stehe für Beiträge, r für Anteile.

$$\begin{aligned}
B(\text{Jugendlich}) &= 10 \\
B(\text{Erwachsen}_{\text{einzig}}) &= B(\text{Erwachsen}_{\text{einzig}}) = 20 \\
B(\text{Erwachsen}_{\text{weiterer}}) &= 15 \\
r(\text{Jugendlich}) &= 0.6 \\
r(\text{Erwachsen}) &= 0.4 \\
r(\text{Erwachsen}_{\text{einzig}} | \text{Erwachsen}) &= 0.25 \\
&= \frac{r(\text{Erwachsen}_{\text{einzig}} \cap \text{Erwachsen})}{r(\text{Erwachsen})} \quad \Rightarrow \\
r(\text{Erwachsen}_{\text{einzig}}) &= r(\text{Erwachsen}_{\text{einzig}} \cap \text{Erwachsen}) \\
&= r(\text{Erwachsen}_{\text{einzig}} | \text{Erwachsen}) \cdot r(\text{Erwachsen}) \\
&= 0.25 \cdot 0.4 \\
&= 0.1 \\
r(\text{Erwachsen}_{\text{weiterer}}) &= 1 - 0.6 - 0.1 \\
&= 0.3
\end{aligned}$$

Durchschnittlicher Monatsbeitrag:

$$\bar{B} = 10 \cdot 0.6 + 20 \cdot 0.1 + 15 \cdot 0.3$$
$$= 12.5$$

2.4.3 Median

Voraussetzung zur Berechnung eines Medians ist ein ordinal skaliertes Merkmal.

- *Median* oder *Zentralwert* $\tilde{x}$ einer Beobachtungsreihe ist eine Zahl in der Mitte der *geordneten* Messreihe, sodass es genauso viele kleinere wie größere Messwerte gibt.

Typische Beispiele von Medianen sind Halbwertszeiten:

Die Halbwertszeit der Lebenserwartung einer Gruppe von Personen ist dasjenige Lebensalter, das 50 % der Personen erreichen.

Die Halbwertszeit beim radioaktiven Zerfall eines Stoffs ist diejenige Zeit, nach der die Hälfte der Masse zerfallen ist.

(1) *Bestimmung aus der Urdatenreihe:*
Beispiel:
Erhoben wurde das Jahreseinkommen zweier Gruppen.
Gruppe A: 40 30 25 50 40 [Tsd. Euro]
Ein Messwert steht in der Mitte der Reihe, dies ist der Median.

$$25 \leq 30 \leq \underbrace{40}_{} \leq 40 \leq 50$$
$$\boxed{\tilde{x} = 40}$$

Gruppe B: 40 30 25 50 40 35 [Tsd. Euro]
In der Mitte der Messreihe stehen zwei Messwerte. Median ist zunächst jede Ausprägung dazwischen, einschließlich dieser beiden.

$$25 \leq 30 \leq \underbrace{35 \leq 40}_{} \leq 40 \leq 50$$

Zunächst: $\tilde{x} \in \{35, 36, \dots, 40\}$:
Jeder Wert zwischen 35 und 40 ist Median.
Konkreter: $\boxed{\tilde{x} = \frac{35+40}{2} = 37.5}$
um einen eindeutigen Wert zu erhalten.

Allgemein:
Man *ordnet* die Datenreihe *aufsteigend*: $x_{(1)} \leq x_{(2)} \leq \cdots \leq x_{(n)}$

Die Indizes $(1), \ldots, (n)$ *geben dabei die Position in der* geordneten *Messreihe wieder.*

Im Fall einer *ungeraden* Anzahl von Messdaten ist der Median der Wert in der Mitte der geordneten Messreihe:

$$x_{(1)} \leq x_{(2)} \leq \ldots \leq \underbrace{x_{\left(\frac{n+1}{2}\right)}} \leq \ldots \leq x_{(n)}$$

$$\tilde{x} = x_{\frac{n+1}{2}}$$

Im Fall einer *geraden* Anzahl von Messdaten liegen zwei Werte in der Mitte der geordneten Messreihe.

$$x_{(1)} \leq x_{(2)} \leq \ldots \leq \underbrace{x_{\left(\frac{n}{2}\right)} \leq x_{\left(\frac{n}{2}+1\right)}} \leq \ldots \leq x_{(n)}$$

$\tilde{x}$ ist zunächst jede Ausprägung $\in \{x_{\left(\frac{n}{2}\right)}, \ldots, x_{\left(\frac{n}{2}+1\right)}\}$.

$\tilde{x} = \frac{1}{2}(x_{\left(\frac{n}{2}\right)} + x_{\left(\frac{n}{2}+1\right)})$ wird gewählt bei einem metrischen Merkmal, um einen eindeutigen Wert zu erhalten.
Falls das Merkmal stetig ist, ist dieses arithmetische Mittel tatsächlich eine Merkmalsausprägung.

(2) *Bestimmung aus der empirischen Verteilungsfunktion* F_n*:*

Grafische Lösung:

Falls die waagerechte Gerade, die die F_n-Achse bei 0.5 schneidet, keinen horizontalen Bereich des Graphen von F_n trifft, ist der x-Wert, bei dem F_n von unter 0.5 auf über 0.5 springt, der Median.

Falls die waagerechte Gerade, die die F_n-Achse bei 0.5 schneidet, den Graphen von F_n in einem horizontalen Bereich schneidet, sind zunächst der Anfangs- und der Endwert der Stufe Median; bei einem metrischen Merkmal wird als Median ihr Mittelwert angegeben.

Beispiele:

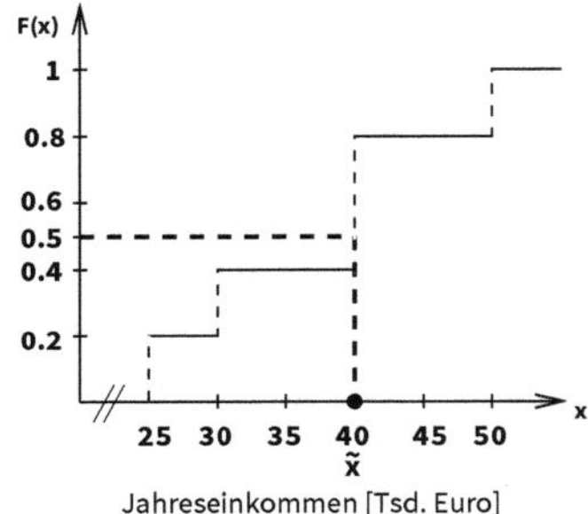

Median ist die Zahl 40.

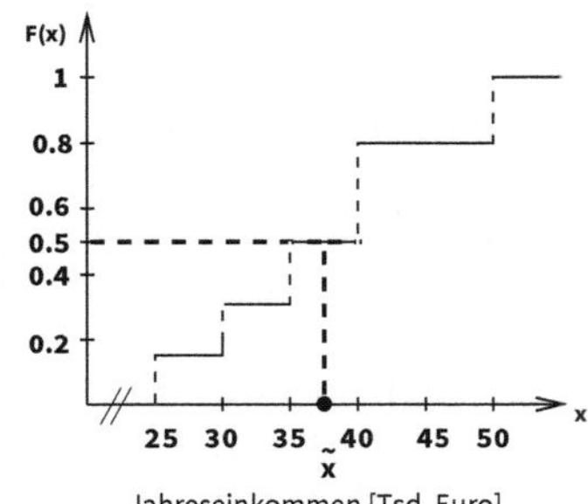

Als Median wird die Zahl 37.5 genommen.

Formal:

Median $\tilde{x}$ ist

diejenige Ausprägung, bei der die empirische Verteilungsfunktion F_n von unter 0.5 auf einen Wert über 0.5 springt (senkrechte Linie einer Stufe)	F_n nimmt den Wert 0.5 nicht an
zunächst Ausprägungen a_j und a_{j+1}; bei metrischem Merkmal $\frac{a_j+a_{j+1}}{2}$ (waagerechte Linie einer Stufe)	F_n nimmt den Wert 0.5 in a_j an

Beispiel:
Niedriglohn-Einkommen:

a_j	$h(a_j)$	$r(a_j)$	$F_n(a_j)$
1500	2	0.04	0.04
1550	0	0.00	0.04
1600	4	0.08	0.12
1650	1	0.02	0.14
1700	0	0.00	0.14
1750	1	0.02	0.16
1800	7	0.14	0.30
1850	11	0.22	0.52
1900	9	0.18	0.70
1950	10	0.20	0.90
2000	5	0.10	1.00

Median ist $\tilde{x} = 1850$.

Medianschätzung bei Klassenbildung:

- **Einfallsklasse** K_l des Median ist diejenige Klasse, die den Median enthält: Bei der oberen Grenze x_l^* dieser Klasse erreicht oder überspringt die Verteilungsfunktion den Wert 0.5.
  x_l^* ist also die kleinste obere Klassengrenze mit $F_n(x_l^*) = \sum_{j=1}^{l} r_j \geq \frac{1}{2}$.
  Dann ist $\tilde{x} \approx x_{l-1}^* + \frac{\frac{1}{2} - F_n(x_{l-1})}{r_l} \cdot b_l$.

Beispiel:

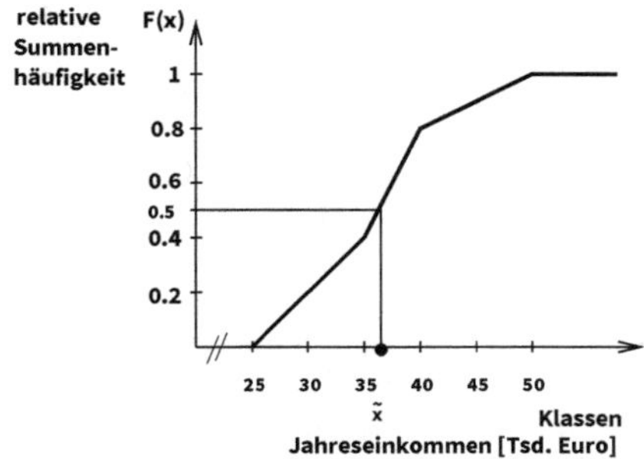

$$\tilde{x} \approx 35 + \frac{0.5-0.4}{0.4} \cdot (40 - 35) = 36.25$$

2.4.4 Quantile

Voraussetzung zur Berechnung von Quantilen ist ein ordinal skaliertes Merkmal.

Die Frage, welcher Wert in der Mitte der geordneten Reihe steht, wird durch den Median beantwortet.
Die Fragen etwa, welcher Wert nach den 10 % kleinsten Werten erreicht ist oder bei welchem Wert 75 % der geordneten Messreihe durchschritten sind, wird durch Quantile beantwortet.

- Zu einer Anteilszahl q zwischen 0 und 1 ist das *q-Quantil* $\tilde{x}_q$ eine Zahl, sodass mindestens $100 \cdot q\%$ der Beobachtungen $\leq \tilde{x}_q$ und gleichzeitig mindestens $100 \cdot (1 - q)\%$ der Beobachtungen $\geq \tilde{x}_q$ sind.
  Etwa beim 0.25-Quantil ist ein Viertel der Messreihe durchschritten, drei Viertel der Messdaten sind grössergleich dem 0.25-Quantil.

  Zum Beispiel bei zehn Messwerten ist $q = \frac{1}{5}$ der Messreihe hinter dem zweiten Wert der geordneten Messreihe durchschritten; $q = \frac{2}{3}$ sind beim siebten Messwert durchschritten, $q = \frac{4}{5}$ der geordneten Messreihe hinter dem achten.

(1) *Bestimmung aus der Urdatenreihe:*

Beispiele:
Erhoben wurde das Jahreseinkommen zweier Gruppen.
Man *ordnet* die Reihe der Messdaten *aufsteigend.*
Ein 0.25-Quantil teilt jeweils die geordneten Reihe nach einem Viertel ihrer Länge.

Gruppe A: 40 30 25 35 50 45 40 [Tsd. Euro]

Ein Viertel der Messreihe ist durchschritten nach dem Anteil $\frac{7}{4}$.

$\frac{7}{4} = n \cdot q = 1.75$ ist kein Index: Es gibt keinen »1.75-ten Messwert«. Man nimmt den nächsten Messwert:

$25 \leq \underbrace{30} \leq 35 \leq 40 \leq 40 \leq 45 \leq 50$

$$\boxed{\tilde{x}_{0.25} = x_{(2)} = 30}$$

Gruppe B: 40 30 25 35 45 50 40 35 [Tsd. Euro]

Ein Viertel der Messreihe ist durchschritten nach dem Anteil $\frac{8}{4}$.

$\frac{8}{4} = n \cdot q = 2$ ist ein Index, aber *durchschritten* ist die Messreihe erst danach. Zunächst ist 0.25-Quantil jede Ausprägung zwischen dem Messwert $x_{n \cdot q}$ und seinem Nachfolger (einschließlich).

Man nimmt dann das arithmetische Mittel aus diesem und dem nächsten Messwert:

$25 \leq \underbrace{30 \leq 35} \leq 35 \leq 40 \leq 40 \leq 45 \leq 50$

Zunächst: $\tilde{x}_{0.25} \in \{30, 31, \dots, 35\}$:

Jeder Wert zwischen 30 und 35 ist 0.25-Quantil.

Konkreter: $\boxed{\tilde{x}_q = \frac{30+35}{2} = 32.5}$

Allgemein: Man *ordnet* die Datenreihe *aufsteigend*:

$x_{(1)} \leq x_{(2)} \leq \cdots \leq x_{(n)}$

Im Fall, dass $n \cdot q$ *nicht* eine *ganze* Zahl ist, ist das q-Quantil der Messwert mit nächst größerem Index:

$\tilde{x}_q = x_{(k)}$ mit $k =$ kleinste ganze Zahl $\geq n \cdot q$

Im Fall, dass $k = n \cdot q$ eine *ganze Zahl* ist, ist zunächst jede Ausprägung zwischen zwischen dem Messwert $x_{n \cdot q}$ und seinem Nachfolger (einschließlich) ein q-Quantil. Wir wählen bei metrischen Merkmalen als q-Quantil das arithmetische Mittel der beiden Messwerte mit diesem und dem nächsten Index in der geordneten Reihe:

$\tilde{x}_q = \frac{x_{(k)} + x_{(k+1)}}{2}$

Falls das Merkmal stetig ist, ist dieses arithmetische Mittel tatsächlich eine Ausprägung.

(2) *Bestimmung aus der empirischen Verteilungsfunktion F_n:*
Grafische Lösung:
Falls die waagerechte Gerade, die die F_n-Achse bei q schneidet, keinen horizontalen Bereich des Graphen von F_n trifft, ist der x-Wert, bei dem F_n von unter auf über q springt, das q-Quantil.

Falls die waagerechte Gerade, die die F_n-Achse bei q schneidet, den Graphen von F_n in einem horizontalen Bereich schneidet, sind zunächst der Anfangs- und der Endwert der Stufe q-Quantil; bei einem metrischen Merkmal wird als q-Quantil ihr Mittelwert angegeben.

Beispiele:

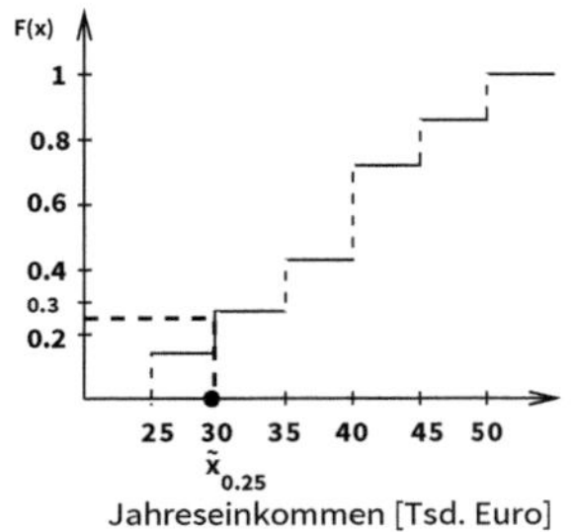

0.25-Quantil ist die Ausprägung 30.

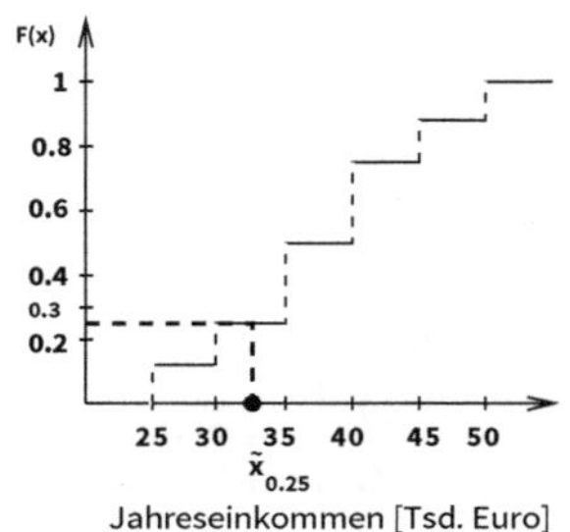

Als 0.25-Quantil wird die Zahl 32.5 genommen.

Formal:

q-Quantil $\tilde{x}_q$ ist

diejenige Ausprägung, bei der die empirische Verteilungsfunktion F_n von unter q auf einen Wert über q springt (senkrechte Linie einer Stufe)	F_n nimmt den Wert q nicht an
zunächst Ausprägungen a_j und a_{j+1}; bei metrischem Merkmal $\frac{a_j+a_{j+1}}{2}$ (waagerechte Linie einer Stufe)	F_n nimmt den Wert q in a_j an

Bezeichnungen:

Das 25 %-Quantil wird *unteres Quartil* genannt.
Das 75 %-Quantil wird *oberes Quartil* genannt.
Zwischen unterem und oberem Quartil liegen mindestens 50 % der Beobachtungswerte.

Beispiel:
Niedriglohn-Einkommen:

a_j	$h(a_j)$	$r(a_j)$	$F_n(a_j)$
1500	2	0.04	0.04
1550	0	0.00	0.04
1600	4	0.08	0.12
1650	1	0.02	0.14
1700	0	0.00	0.14
1750	1	0.02	0.16
1800	7	0.14	0.30
1850	11	0.22	0.52
1900	9	0.18	0.70
1950	10	0.20	0.90
2000	5	0.10	1.00

$\tilde{x}_{0.25} = 1800$
$\tilde{x}_{0.75} = 1950$

Quantilschätzung bei Klassenbildung:

- **Einfallsklasse** K_l des q-Quantils ist diejenige Klasse, die das q-Quantil enthält: Bei der oberen Grenze x_l^* dieser Klasse erreicht oder überspringt die Verteilungsfunktion den Wert q.

  x_l^* ist also die kleinste obere Klassengrenze mit $F_n(x_l^*) = \sum_{j=1}^{l} r_j \geq q$.

  Dann ist $\tilde{x}_q \approx x_{l-1}^* + \frac{q - F_n(x_{l-1}^*)}{r_l} \cdot b_l$.

Beispiel:

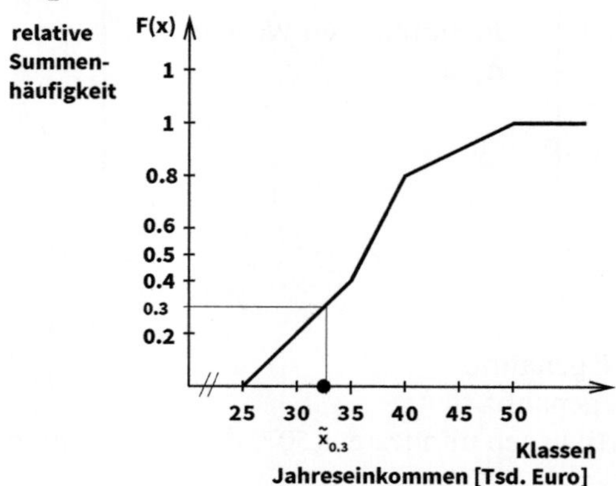

$\tilde{x}_{0.3} \approx 25 + \frac{0.3-0}{0.4} \cdot (35 - 25) = 32.5$

Bemerkung:
Bei einem ordinalen Merkmal sollte der Median benutzt werden.
Der Mittelwert ist empfindlich gegenüber »Ausreißern« (vgl. Kap. 2.4.5, S. 33).

2.4.5 Boxplot

Unter einem *Boxplot* versteht man eine Skizze, die die wichtigsten Lageparameter einer Verteilung grafisch darstellt.

Zunächst werden eine Schachtel, die vom unteren zum oberen Quartil reicht, der Median und das arithmetische Mittel gezeichnet.
Anschließend berechnet man sogenannte »Zäune«, die die Grenzen des Bereichs markieren, außerhalb dessen man Messwerte als ungewöhnlich groß oder klein betrachtet. Es ist üblich, Werte außerhalb eines zentralen Bereichs, der 4 Mal so lang wie der Quartilsabstand ist, als Ausreißer zu werten; entsprechend definiert man die Zäune: Der linke Zaun entsteht durch Reduzieren des unteren Quartils um das Eineinhalbfache des Quartilsabstands, der rechte Zaun in Analogie durch Addieren des Eineinhalbfachen des Quartilsabstands zum oberen Quartil. Zwischen den Enden der Zäune liegt dann ein Bereich der Länge 4·Quartilsabstand.
Dann werden Linien, sogenannte »Whiskers«, von der Box zum kleinsten und größten Messwert innerhalb der Zäune gezeichnet. Die Ausreißer markiert man als einzelne Punkte.

Beispiel:
Lebensalterverteilung in einem Betrieb:

Alter	20	23	24	26	27	30	41	43	59
Personenzahl	1	4	8	9	7	5	4	1	1

Lösung:
Quantile:

$$
\begin{aligned}
n &= 40 \\
n \cdot 0.25 &= 10 \in \mathbb{N}. \quad \text{Daher}: \quad \tilde{x}_{0.25} = \tfrac{x_{10}+x_{11}}{2} = 24 \\
n \cdot 0.5 &= 20 \in \mathbb{N}. \quad \text{Daher}: \quad \tilde{x} = \tfrac{x_{20}+x_{21}}{2} = 26 \\
n \cdot 0.75 &= 30 \in \mathbb{N}. \quad \text{Daher}: \quad \tilde{x}_{0.75} = \tfrac{x_{30}+x_{31}}{2} = 30
\end{aligned}
$$

$$
\begin{aligned}
&\text{Mittelwert}: && \bar{x} && = 28.575 \\
&\text{Quartilsabstand}: && QA && = 30 - 24 && = 6 \\
&\text{linker Zaun}: && z_l && = 24 - 1.5 \cdot 6 && = 15 \\
&\text{rechter Zaun}: && z_r && = 30 + 1.5 \cdot 6 && = 39
\end{aligned}
$$

Whiskers reichen daher bis 20 und bis 30.
Ausreißer sind die Messwerte 41, 43, 59.

Daher:

Anfang der Schachtel:	$\tilde{x}_{0.25}$	$= 24$
Ende der Schachtel:	$\tilde{x}_{0.75}$	$= 30$
Länge der Schachtel:	QA	$= 6$
durch Strich in der Box markiert:	$\tilde{x}$	$= 26$
durch gestrichelte Linie markiert:	$\bar{x}$	$= 28.575$
»linker Zaun« } nicht zu zeichnen!	z_l	$= 15$
»rechter Zaun« } nicht zu zeichnen!	z_r	$= 39$

Linie zum kleinsten Wert

innerhalb der Zäune:	»Whisker« bis 20
Größter Wert innerhalb der Zäune	ist das obere Quartil
Beobachtungen außerhalb der Zäune:	einzeln 41, 43, 59

Boxplot:

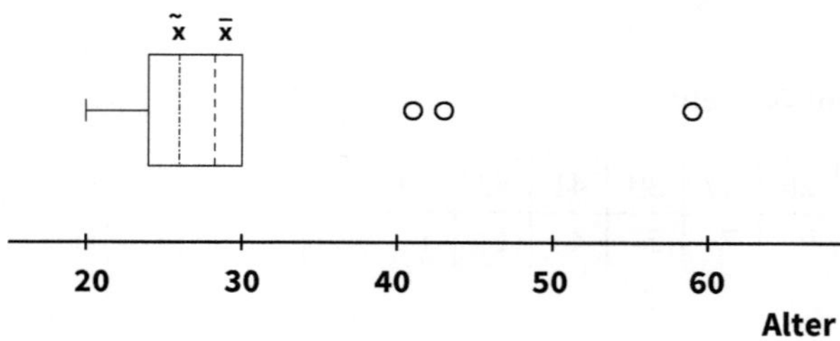

2.4.6 Mittlere Anteile

Voraussetzung zur Berechnung ist ein metrisch skaliertes Merkmal, bei dem alle Beobachtungswerte dasselbe Vorzeichen haben.

Gegeben sind mehrere Gruppen, die jeweils eine Teilgruppe mit einer bestimmten Eigenschaft enthalten. Der durchschnittliche Anteil der Teilgruppen an den Gesamtgruppen ist der Quotient der Anzahl aller Elemente mit der Eigenschaft und der Gesamtzahl aller Gruppenelemente.

Beispiel:
Kein Beispiel eines harmonischen Mittels:

Durchschnittliche Studentendichte einer Stadt:

Bezirk	A	B	C	D
Einwohnerzahl	10000	30000	20000	40000
Studentendichte [%] (Studenten/Einwohner)	20	15	10	20

Lösung:
Die durchschnittliche Studentendichte in der Stadt ist

$$\bar{D} = \frac{\text{Gesamtzahl Studenten}}{\text{gesamte Einwohnerzahl}} \cdot 100\,\%.$$

Die Gesamte Einwohnerzahl ist 100000.
Die Studentenzahl Bezirk A $\frac{20}{100} \cdot 10000 = 2000.$
Die Studentenzahl Bezirk B ist $\frac{15}{100} \cdot 30000 = 4500.$
Die Studentenzahl Bezirk C ist $\frac{10}{100} \cdot 20000 = 2000.$
Die Studentenzahl Bezirk D ist $\frac{20}{100} \cdot 40000 = 8000.$

Damit ist die durchschnittliche Studentendichte in der Stadt

$$\begin{aligned}\bar{D} &= \frac{\text{Gesamtzahl Studenten}}{\text{gesamte Einwohnerzahl}} \cdot 100\,\% \\ &= \frac{16500}{100000} \cdot 100\,\% \quad = 16.5\,\%.\end{aligned}$$

Beispiel:
Beispiel eines harmonischen Mittels:
Durchschnittliche Studentendichte einer Stadt:

Bezirk	A	B	C	D
Studentenzahl	1000	3000	2000	4000
Studentendichte [%] (Studenten/Einwohner)	20	15	10	20

Lösung:
Die durchschnittliche Studentendichte in der Stadt ist

$$\bar{D}_h = \frac{\text{Gesamtzahl Studenten}}{\text{gesamte Einwohnerzahl}} \cdot 100\,\%$$

Die Studentenzahl ist $1000 + 3000 + 2000 + 4000$
$= 10000.$

Die Einwohnerzahl Bezirk A ist $1000 = \frac{20}{100} \cdot x,$

$x = \frac{100000}{20} = 5000.$

Die Einwohnerzahl Bezirk B ist $\frac{300000}{15} = 20000.$

Die Einwohnerzahl Bezirk C ist $\frac{200000}{10} = 20000.$

Die Einwohnerzahl Bezirk D ist $\frac{400000}{20} = 20000.$

Damit ist die durchschnittliche Studentendichte in der Stadt

$$\bar{D}_h = \frac{\text{Gesamtzahl Studenten}}{\text{gesamte Einwohnerzahl}} \cdot 100\,\% = \frac{10000}{5000+3\cdot 20000} \cdot 100\,\% = 15.38\,\%$$

Zusammenfassung:
Der Durchschnitt von Anteilen $x_i = \frac{c_i}{d_i}$ an Gesamtheiten der Größen d_i wird ermittelt, indem die Summe aller Zähler durch die Summe aller Nenner geteilt wird.

Falls die Anteile x_i und die Nenner d_i gegeben sind, ermittelt man die Zähler als Produkte aus Anteilen und Nennern: $c_i = x_i \cdot d_i$ und summiert auf:

$$\bar{x} = \frac{\sum_{i=1}^{n} x_i \cdot d_i}{\sum_{i=1}^{n} d_i}$$

Falls die Anteile x_i und die Zäher c_i gegeben sind, ermittelt man die Nenner als Quotienten aus Zählern und Anteile : $d_i = \frac{c_i}{x_i}$ und summiert auf. Dieser Mittelwert wird auch *harmonisches Mittel* genannt:

$$\bar{x}_h = \frac{\sum_{i=1}^{n} c_i}{\sum_{i=1}^{n} \frac{c_i}{x_i}}$$

Falls hierbei alle Zähler gleich sind, vereinfacht sich die Formel zu

$$\bar{x}_h = \frac{n \cdot c}{\sum_{i=1}^{n} \frac{c}{x_i}} = \frac{n}{\sum_{i=1}^{n} \frac{1}{x_i}}$$

Bemerkung:
Würde man das arithmetische Mittel der Anteile berechnen, so würden alle Gruppen (im Beispiel alle Bezirke) gleich stark gewichtet. Das wäre nur dann richtig, wenn alle Gruppen gleich groß wären.

2.4.7 Geometrisches Mittel

Voraussetzung zur Berechnung eines geometrischen Mittels ist ein metrisch skaliertes Merkmal, bei dem alle Beobachtungswerte x_i positiv sind.

Die Messwerte sind Wachstumsfaktoren, etwa Prozentsätze, die Zuwächse oder Minderungen angeben.

Beispiel:
Über einen Zeitraum von fünf Jahren stieg der Preis einer Ware um zunächst $i_1 = 3\,\%$, anschließend um $i_2 = 2\,\%,\quad i_3 = 4\,\%,\quad i_4 = 2\,\%,\quad i_5 = 3\,\%$.
Welches ist die durchschnittliche Preissteigerungsrate?

Lösung:
Gesucht ist diejenige jedes Jahr gleiche Preissteigerungsrate i, die nach fünf Jahren zum gleichen Endpreis führen würde.

Etwa für einen Ausgangspreis $P_0 = 50\,€$ gilt:

Der Preis nach 1 Jahr beträgt $P_1 = P_0 + P_0 \cdot \frac{3}{100}$
$= P_0 \cdot 1.03 \quad = 51.50.$

Der Preis nach 2 Jahren beträgt $P_2 = P_1 + P_1 \cdot \frac{2}{100} \quad = P_1 \cdot 1.02$
$= P_0 \cdot 1.03 \cdot 1.02 \quad = 52.53.$

Der Preis nach 3 Jahren beträgt $P_3 = P_2 \cdot 1.04 \quad = 54.63$

Der Preis nach 4 Jahren beträgt $P_4 = P_3 \cdot 1.02 \quad = 55.72$

Der Preis nach 5 Jahren beträgt $P_5 = P_4 \cdot 1.03 \quad = 57.40$
$= P_0 \cdot 1.02 \cdot 1.03 \cdot 1.04 \cdot 1.02 \cdot 1.03$
$= 50 \cdot 1.1479$

Er soll übereinstimmen mit $P_0 \cdot (1+i)^5$.

Daher gelangt man über die Ermittlung der Preissteigerungs*faktoren* $q_1 = 1.03,\quad q_2 = 1.02,\quad q_3 = 1.04,\quad q_4 = 1.02,\quad q_5 = 1.03$ zur Berechnung des Endpreises:

$$
\begin{aligned}
P_0 \cdot (1+i)^5 &= P_0 \cdot 1.02 \cdot 1.03 \cdot 1.04 \cdot 1.02 \cdot 1.03 \\
1+i &= \sqrt[5]{1.02 \cdot 1.03 \cdot 1.04 \cdot 1.02 \cdot 1.03} \\
i &= \sqrt[5]{1.02 \cdot 1.03 \cdot 1.04 \cdot 1.02 \cdot 1.03} - 1 \\
&= \sqrt[5]{1.1479} - 1 = 0.02797 = 2.797\,\%
\end{aligned}
$$

Allgemein:
Gegeben sind Wachstumsraten $i_1, \dots, i_n$, deren Mittelwert berechnet werden soll. Dazu ermittelt man zunächst die zugehörigen Wachstums*faktoren* $q_j = 1 + i_j$,

aus denen man den *durchschnittlichen Wachstumsfaktor* als *geometrisches Mittel* $q = \sqrt[n]{q_1 \cdot \cdots \cdot q_n}$ bestimmt. Die *durchschnittliche Wachstumsrate* bestimmt man dann als $i = q - 1 = (q - 1) \cdot 100\,\%$.
Der Endwert nach n Jahren entsteht aus dem Anfangswert durch Multiplikation mit q^n.

- *Geometrisches Mittel:*

$$\begin{aligned}\overline{x}_g &= \sqrt[n]{x_1 \cdot x_2 \cdot \cdots \cdot x_n} && \text{(1) aus Rohdaten}\\ &= \sqrt[n]{a_1^{h_n(a_1)} \cdot a_2^{h_n(a_2)} \cdot \cdots \cdot a_m^{h_n(a_m)}} && \text{(2) aus tabellierten Daten}\\ &= a_1^{r_n(a_1)} \cdot a_2^{r_n(a_2)} \cdot \cdots \cdot a_m^{r_n(a_m)}\end{aligned}$$

Beispiel:
Der Absatz eines am Markt neu eingeführten Produkts stieg im zweiten Jahr um 40 %, im dritten um 30 %, im vierten um 10 %, im fünften Jahr fiel er um 5 %. Welches ist die mittlere jährliche Absatzänderung dieses Produkts über die angegebenen Jahre?

Lösung:

$$\begin{aligned}q_1 &= 1.4\\ q_2 &= 1.3\\ q_3 &= 1.1\\ q_4 &= 0.95\\ \bar{q} &= \sqrt[4]{1.4 \cdot 1.3 \cdot 1.1 \cdot 0.95}\\ &= 1.174348\end{aligned}$$

Die mittlere jährliche Absatzänderung lag bei 17.4348 %.

Schätzung des geometrischen Mittels bei Klassenbildung:
Das geometrische Mittel wird näherungsweise bestimmt als geometrisches Mittel der Klassenmitten, wobei jede Klassenmitte mit dem Anteil der Klasse an der Gesamtzahl der Daten gewichtet wird:

- $\overline{x}_g \approx \sqrt[n]{(x_1')^{h_1} \cdot (x_2')^{h_2} \cdot \cdots \cdot (x_m')^{h_m}}$

  mit

  x_j' = Mitte der j-ten Klasse

  h_j = Absolute Häufigkeit der j-ten Klasse

2.4.8 Vergleich der Lageparameter

Die Lage einer Verteilung kann zusammenfassend beschrieben werden durch die Parameter

$x_{\text{min}}, \quad x_{0,25}, \quad \tilde{x}, \quad \bar{x}_{(h,g)}, \quad x_{0,75}, \quad x_{\text{max}}$

Der Modalwert ist ein eher grober Lageparameter, aber bei nur nominalen Merkmalen ist er der einzige sinnvolle.
Der Median ist berechenbar für ordinale Merkmale, allerdings ist er im Fall einer geraden Anzahl von Messwerten nicht eindeutig; im Fall eines metrischen Merkmals kann er eindeutig gewählt werden. Der Median ist wertvoll, wenn die Verteilung schief (asymmetrisch) oder durch Ausreißer verzerrt ist. Er ist unempfindlich gegenüber Ausreißern.
Für metrische Merkmale sind definiert:
Das arithmetische Mittel als wichtigster Lageparameter; es ist insbesondere wertvoll, wenn eine Addition der Beobachtungswerte sinnvoll ist. Das arithmetische Mittel ist empfindlich gegenüber Ausreißern.
Das harmonische Mittel wird berechnet für Daten, die Anteile sind und bei denen jeweils die Zähler bekannt sind.
Die Berechnung des geometrischen Mittels wird angewandt, wenn eine Multiplikation der Beobachtungswerte sinnvoll ist; es gibt ein mittleres Wachstum wieder.

Größenverhaltnisse im Fall $\bar{x}_h = \frac{n}{\sum_{i=1}^{n} \frac{1}{x_i}}$:

Falls nicht alle Beobachtungswerte positiv und gleich sind, gilt:
$\overline{x}_h \quad < \quad \overline{x}_g \quad < \quad \overline{x}.$
Falls alle Beobachtungswerte positiv und gleich sind, gilt:
$\overline{x}_h \quad = \quad \overline{x}_g \quad = \quad \overline{x} = x_1.$

2.5 Streuungsmaße

Voraussetzung zur Berechnung von Streuungsmaßen ist ein metrisch skaliertes Merkmal.

Lageparameter geben Informationen darüber, wo die Daten auf der möglichen Skala liegen. Streuungsparameter geben darüber Auskunft, wie sehr sich die Daten ausbreiten bzw. wie dicht sie liegen und wie weit sie »im Mittel« von Lageparametern wie dem Median oder dem arithmetischen Mittel entfernt liegen.

Beispiele:

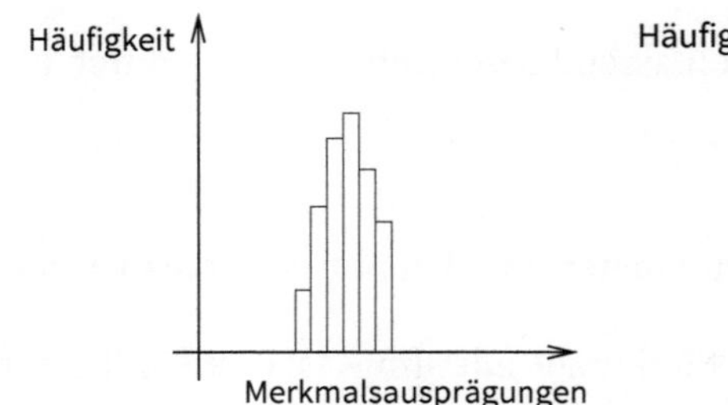

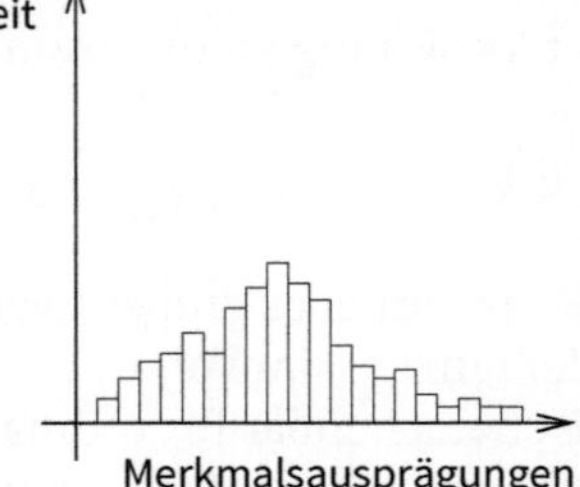

2.5.1 Spannweite

- *Spannweite* einer Datenreihe ist die Differenz zwischen größtem und kleinstem Beobachtungswert:

$$R = \text{größter Wert} - \text{kleinster Wert} = x_{(n)} - x_{(1)}$$

Bemerkung:
Die Spannweite ist empfindlich gegenüber Ausreißern.

Beispiel:
In einem Fachwerkhaus seien die Raumhöhen

1.95 1.97 1.86 1.89 2.01 m.

Geordnete Messreihe: 1.86 1.89 1.95 1.97 2.01

Die Spannweite ist $R = 2.01 - 1.86 = 0.15$ m.

Schätzung der Spannweite bei Klassenbildung:

Die Definition der Spannweite überträgt sich auf die Differenz der größten und kleinsten Schranke, die wir für die Beobachtungswerte kennen:

- *Spannweite*

$$R = \text{größte Klassengrenze} - \text{kleinste Klassengrenze} = x_m^* - x_0^*$$

2.5.2 Quantilsdifferenz

- Als *Quartilsabstand* bezeichnet man die Differenz zwischen oberem und unterem Quartil:
  $QA \quad = \tilde{x}_{0.75} - \tilde{x}_{0.25}$

Dies ist die Länge des Bereichs zwischen oberem und unterem Quartil, der also mindestens 50 % der Beobachtungswerte enthält.

Beispiel:
Fachwerkhäuser:
Geordnete Messreihe der Raumhöhen:
1.86 1.89 1.95 1.97 2.01
Der Quartilsabstand ist $QA = 1.97 - 1.89 = 0.08$ m.

Die mittleren mindestens 50 % der gemessenen Raumhöhen unterschieden sich um höchstens 8 cm.

Analog erhält man zu einem vorgegebenen Anteil $q \in (0, 0.5)$ als Länge eines mittleren Bereichs, der mindestens $(1 - 2q)\%$ der Beobachtungswerte umfasst die

- *Quantilsdifferenz* $= \tilde{x}_{1-q} - \tilde{x}_q$

In einem Bereich der Länge $\tilde{x}_{0.95} - \tilde{x}_{0.05}$ liegen mindestens 90 % der Daten.

Bemerkung:

1. Die Quantilsdifferenz ist nicht empfindlich gegenüber Ausreißern.
2. Bei einem ordinalen Merkmal können stellvertretend für die tatsächlichen Werte Zahlen verwandt werden; dann ist auch hier die Berechnung des Quartilsabstands möglich.

2.5.3 Mittlere absolute Abstände

Der mittlere absolute Abstand der Daten von einer Zahl c wird berechnet als arithmetisches Mittel der absoluten Abstände der Daten zu dieser Zahl c:

- *Mittlerer absoluter Abstand* der Daten von einer Zahl c ist
  $d_c \quad = \frac{1}{n} \sum_{i=1}^{n} |x_i - c|$ (1) aus Urdaten
  $= \frac{1}{n} \sum_{j=1}^{m} h_n(a_j) \cdot |a_j - c|$ (2) aus Häufigkeitsdaten
  $= \sum_{j=1}^{m} r_n(a_j) \cdot |a_j - c|$

Häufig ist der mittlere absolute Abstand vom Median $d_{\tilde{x}}$ von Interesse.

Beispiel:
Lebensalterverteilung in einem Betrieb:

Alter	20	23	24	26	27	30	41	43	59
Personenzahl	1	4	8	9	7	5	4	1	1

Mittlerer absoluter Abstand vom Median:

$$d_{\tilde{x}} = \frac{|20-26|+4\cdot|23-26|+8\cdot|24-26|+7\cdot|27-26|+5\cdot|30-26|+4\cdot|41-26|+|43-26|}{40} + \frac{|59-26|}{40}$$

$$= \frac{6+12+16+7+20+60+17+33}{40} = \frac{171}{40} = 4.275$$

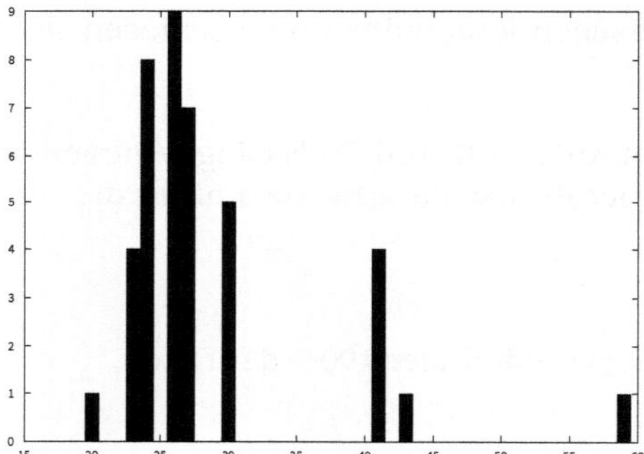

Schätzung des mittleren absoluten Abstands vom Median zwischen den Klassen bei Klassenbildung:

- Der *Mittlere absolute Abstand vom Median* wird geschätzt als mittlerer absoluter Abstand der Klassenmitten von der Schätzung des Medians:
  $d_{\tilde{x}} \approx \frac{1}{n} \sum_{j=1}^{k} |x_j' - \tilde{x}| \cdot h_j$

2.5.4 Varianz und Standardabweichung

Als Maß für den Abstand der Messwerte zum arithmetischen Mittel orientiert man sich an dem »euklidischen«, mit dem Lineal messbaren Abstand des Punkts $(x_1, \dots, x_n)$ vom Punkt $(\bar{x}, \dots, \bar{x})$, der als jede Koordinate den Mittelwert hat:

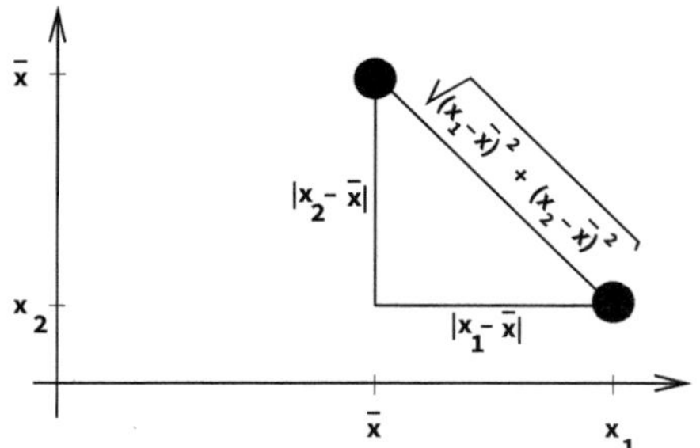

Abstand des Punktes (x_1, x_2) vom Punkt mit Koordinaten $(\bar{x}, \bar{x})$

Nun soll nicht der Abstand, sondern der mittlere Abstand bestimmt werden. Daher wird die Rechnung um die Mittelwertbildung, also Summe/Anzahl, ergänzt:

- Die *mittlere quadratische Abweichung vom Mittelwert* ist definiert als

  $\hat{s}^2 = \frac{1}{n} \sum_{i=1}^{n} (x_i - \bar{x})^2$

Für einen vollständigen Datensatz, der nicht dazu dient, Ergebnisse auf eine größere Grundgesamtheit zu übertragen, ist die Varianz als mittlere quadratische Abweichung vom Mittelwert definiert.

Wenn allerdings eine Gesamtheit von Interesse ist, die man nicht vollständig durch eine Datenerhebung erfassen kann, erfüllt ein Datensatz die Rolle einer Stichprobe. Konkret ist man in der beurteilenden Statistik häufig darauf angewiesen, die Varianz einer Grösse durch die Varianz einer Stichprobe zu schätzen. Da eine Stichprobe nicht alle Möglichkeiten abdeckt, wird die Streuung einer Zufallsvariable durch die Streuung einer Stichprobe unterschätzt, wenn auch der Erwartungswert der Zufallsvariable nicht bekannt ist. Die mittlere quadratische Abweichung vom Mittelwert ist dann etwas zu klein; als Varianz muss ein etwas größerer Streuungsparameter benutzt werden. Dieser Unterschied wird sehr klein, wenn die Stichprobe groß ist.

Es gibt daher zwei Definitionen von »Varianz«:

- $\hat{s}^2 = \frac{1}{n} \sum_{i=1}^{n} (x_i - \bar{x})^2$ *Varianz* eines vollständigen Datensatzes
- $s^2 = \frac{1}{n-1} \sum_{i=1}^{n} (x_i - \bar{x})^2$ *Varianz* einer Stichprobe

In den Anwendungen etwa in Psychologie, Investitionsrechung oder Marketingforschung wird ein Datensatz in der Regel als Stichprobe genutzt; daher ist die Stichprobenvarianz von großer praktischer Bedeutung.

Die *Varianz* eines vollständigen Datensatzes ist also

$$\begin{aligned} \hat{s}^2 &= \frac{1}{n}\sum_{i=1}^{n}(x_i - \bar{x})^2 && \text{(1) aus Urdaten} \\ &= \frac{1}{n}\left[\sum_{i=1}^{n} x_i^2 - n \cdot \bar{x}^2\right] \\ &= \frac{1}{n}\sum_{j=1}^{m} h_j \cdot (a_j - \bar{x})^2 && \text{(2) aus Häufigkeitsdaten} \end{aligned}$$

Die *Varianz* einer Stichprobe ist

$$\begin{aligned} s^2 &= \frac{1}{n-1}\sum_{i=1}^{n}(x_i - \bar{x})^2 && \text{(1) aus Urdaten} \\ &= \frac{1}{n-1}\left[\sum_{i=1}^{n} x_i^2 - n \cdot \bar{x}^2\right] \\ &= \frac{1}{n-1}\sum_{j=1}^{m} h_j \cdot (a_j - \bar{x})^2 && \text{(2) aus Häufigkeitsdaten} \end{aligned}$$

Die Varianz ist aus ihrer Natur heraus eine quadratische Größe; das zugehörige aussagekräftige Streuungsmaß ist die Standardabweichung:

- *Standardabweichung* eines vollständigen Datensatzes:
  $\hat{s} = \sqrt{\hat{s}^2}$
- *Standardabweichung* einer Stichprobe:
  $s = \sqrt{s^2}$

Auch hier gilt, dass bei vielen Anwendungen die Stichproben-Standardabweichung wesentlich ist, da sie für die Übertragung der Ergebnisse auf eine größere Grundgesamtheit benutzt werden muss. Rein für Zwecke der deskriptiven Statistik nutzt man dagegen die Standardabweichung eines vollständigen Datensatzes.

Beispiel:
Das günstigste Mensaessen kostet in fünf Hochschulstädten Nordrhein-Westfalens 0.90, 1.00, 1.10 1.20, 1.30 Euro.

Mittelwert: $\bar{x} = 1.10$

Varianz: $\hat{s}^2 = \frac{1}{5} \cdot (0,2^2 + 0,1^2 + 0^2 + 0,1^2 + 0,2^2) = 0.02$

Standardabweichung: $\hat{s} = \sqrt{\hat{s}^2} = 0.141$

Schätzung der Varianz zwischen den Klassen eines vollständigen Datensatzes bei Klassenbildung:

- *Varianz* eines vollständigen Datensatzes
  $\hat{s}^2 \approx \frac{1}{n} \sum_{j=1}^{k} (x_j' - \bar{x})^2 \cdot h_j$

Bemerkung:
Hat man noch die Urdaten zur Verfügung und möchte nicht nur die Varianz zwischen den Klassen, sondern zusätzlich auch die Varianz innerhalb der Klassen in ein Maß fassen, so ergibt sich als »Gesamtvarianz«

$$\hat{s}^2 + \frac{1}{n} \sum_{j_1}^{k} h_j \cdot \hat{s}_j^2$$

mit

$$\begin{aligned}\hat{s}_j^2 &= \frac{1}{h_j} \cdot \sum_{i \text{ mit } x_i \in K_j} (x_i - \bar{x}_j)^2 \\ &= \text{Varianz innerhalb der Klasse } j \text{, wenn jeweils } \bar{x}_j \text{ das arithmetische Mittel der Klasse } j \text{ ist.}\end{aligned}$$

Schätzung der Stichprobenvarianz zwischen den Klassen aus klassierten Daten:

- *Stichprobenvarianz*
  $s^2 \approx \frac{1}{n-1} \sum_{j=1}^{k} (x_j' - \bar{x})^2 \cdot h_j$

Beispiel:
Eine Befragung unter Studierenden nach ihren monatlichen Ausgaben (in Euro) für Kaffee ergab Folgendes:

Ausgabe	[0, 5]	]5, 10]	]10, 15]	]15, 20]	]20, 25]
Zahl Studierende	4	10	16	8	2

Schätzung des Mittelwerts aus den klassierten Daten:

Klassenmitten sind

$x_1' = 2.5 \quad x_2' = 7.5 \quad x_3' = 12.5 \quad x_4' = 17.5 \quad x_5' = 22.5$

$$
\begin{aligned}
n &= 40 \\
\bar{x} &\approx \tfrac{1}{n} \cdot \textstyle\sum_{j=1}^{k} h_j \cdot x_j' \\
&= \tfrac{1}{40} \cdot (4 \cdot 2.5 + 10 \cdot 7.5 + 16 \cdot 12.5 + 8 \cdot 17.5 + 2 \cdot 22.5) \\
&= \tfrac{1}{40} \cdot (10 + 75 + 200 + 140 + 45) \\
&= \tfrac{1}{40} \cdot 470 = 11.75
\end{aligned}
$$

Schätzung der Standardabweichung zwischen den Klassen:

$$
\begin{aligned}
\hat{s}^2 &\approx \tfrac{1}{n} \cdot \textstyle\sum_{j=1}^{k} (x_j' - \bar{x})^2 \cdot h_j \\
&= \tfrac{1}{40} \cdot (9.25^2 \cdot 4 + 4.25^2 \cdot 10 + 0.75^2 \cdot 16 + 5.75^2 \cdot 8 + 10.75^2 \cdot 2) \\
&= 25.6875 \\
\hat{s} &= \sqrt{\hat{s}^2} \approx 5.068
\end{aligned}
$$

Bemerkung:
Falls bei einer Stichprobe nicht absolute, sondern relative Häufigkeiten gegeben sind, kann die Stichprobenvarianz mittels des Umrechnungsfaktors $\frac{n}{n-1}$ bestimmt werden.

Am Beispiel:
Eine Befragung von 40 Studierenden ergab:

Ausgabe	[0, 5]	]5, 10]	]10, 15]	]15, 20]	]20, 25]
relative Häufigkeit	0.1	0.25	0.4	0.2	0.05

$$
\begin{aligned}
s^2 &\approx \tfrac{40}{39} \cdot \big(9.25^2 \cdot 0.1 + 4.25^2 \cdot 0.25 + 0.75^2 \cdot 0.4 + 5.75^2 \cdot 0.2 \\
&\quad +10.75^2 \cdot 0.05\big) \\
&= 26.346
\end{aligned}
$$

Zusatz:
Schätzung von Median und mittlerem Abstand vom Median:

Ausgabe	[0, 5]	]5, 10]	]10, 15]	]15, 20]	]20, 25]
relative Summenhäufigkeit	0.1	0.35	0.75	0.95	1

Medianklasse:]10, 15] $\tilde{x} \approx 10 + \frac{0.5-0.35}{0.75-0.35} \cdot 5 = 11{,}875$

$$
\begin{aligned}
d_{\tilde{x}} &\approx \tfrac{1}{40} \cdot (4 \cdot 9.375 + 10 \cdot 4.375 + 16 \cdot 0.625 + 8 \cdot 5.625 + 2 \cdot 10.625) \\
&= \tfrac{157.5}{40} = 3.9375
\end{aligned}
$$

Bemerkung:
Der mittlere Abstand vom Median ist das kleinste Abstandsmaß von allen.
Die Varianz eines vollständigen Datensatzes ist die kleinste mittlere quadratische Abweichung zu irgendeiner Zahl.
Die Varianz ist = 0, wenn alle Beobachtungswerte gleich sind.
Der mittlere Abstand vom Mittelwert ist kleinergleich der Standardabweichung.

$$d_{\tilde{x}} \leq d_{\bar{x}} \leq \sqrt{\frac{1}{n} \sum_{i=1}^{n} (x_i - \bar{x})^2} < s$$

2.5.5 Variationskoeffizient

Es ist nicht einfach, eine Streuung zu beurteilen. Ob eine Standardabweichung groß oder klein ist, kann allein aufgrund ihres Zahlenwerts nicht gesagt werden. Wenn wir sie allerdings in Relation zur mittleren Größe der Daten setzen, können wir sie beurteilen.

Ein Streuungsmaß, das die Standardabweichung in Relation zum Mittelwert setzt, ist der Variationskoeffizient:

- *Variationskoeffizient* eines vollständigen Datensatzes
  $$v = \frac{\hat{s}}{\bar{x}}$$
- *Variationskoeffizient* einer Stichprobe
  $$v = \frac{s}{\bar{x}}$$

Der Variationskoeffizient ist eine dimensionslose Größe und unabhängig von Maßstabsänderungen.

Am Beispiel:
Monatliche Kaffeeausgaben (vgl. Beispiel in Kap. 2.5.4, S. 45):

$$v = \frac{s}{\bar{x}} = \frac{5.133}{11.75} = 0.4369$$

Beispiel:
Angenommen, für Studierende in Deutschland und in den USA wurde das verfügbare Einkommen untersucht:

Deutschland: $\bar{x} = 540\,€, \quad s = 130\,€.$
USA $\bar{x} = 490\,€, \quad s = 170\,€.$

$$v = \frac{s}{\bar{x}} = \begin{Bmatrix} 0.24 & | \text{ Deutschland} \\ 0.35 & | \text{ USA} \end{Bmatrix}$$

In den USA ist der Variationskoeffizient höher: Relativ zum mittleren Einkommen sind dort die Unterschiede größer.

2.5.6 Vergleich der Streuungsparameter

Die Spannweite misst die Länge des Wertebereichs; sie ist empfindlich gegenüber Ausreißern.
Der Quartilsabstand beziehungsweise die Quantilsdifferenz geben die Länge eines mittleren Bereichs an, in dem ein gegebener Mindestprozentsatz der Beobachtungswerte liegt; diese Maße sind unempfindlich gegenüber Ausreißern.
Der mittlere Abstand misst eine Abweichung der Beobachtungswerte von einer vorgegebenen Zahl; sie ist am kleinsten beim Median.
Varianz und Stadardabweichung messen eine Abweichung der Beobachtungswerte vom Mittelwert; eine mittlere quadratische Abweichung von einer Zahl ist am kleinsten beim Mittelwert.
Der Variationskoeffizient gibt das Verhältnis des absoluten Streuungsmaßes »Standardabweichung« zum Lageparameter »arithmetisches Mittel« an; er ist eine dimensionslose Größe.

2.6 Rezeptartige Lösungswege

Aufgabe: Urdaten und Häufigkeitsdaten verstehen
Unter **Urdaten** versteht man die erhobene Datenreihe $(x_1, \dots, x_n)$
Unter **Häufigkeitsdaten** versteht man die bearbeiteten Daten, die entsprechend den Ausprägungen sortiert sind. In einer Tabelle werden die Ausprägungen und ihre Häufigkeiten zusammengestellt:

Ausprägung	Absolute Häufigkeit	Relative Häufigkeit
a_1	h_1	r_1
$\vdots$	$\vdots$	$\vdots$
a_m	h_m	r_m

s. Aufgabe 2.1, S. 57

Aufgabe: Häufigkeitsverteilungen verstehen
Absolute und relative Häufigkeiten:
Die Anzahl erhobener Messwerte wird mit n bezeichnet; die Messwerte werden durchnummeriert und in einem Tupel $(x_1, \dots, x_n)$ zusammengefasst.

Die Anzahl der verschiedenen Ausprägungen, die angenommen werden oder möglich sind, wird mit m bezeichnet; die Ausprägungen werden als $a_1, \dots, a_m$ durchnummeriert.
Die absolute Häufigkeit, mit der Ausprägung a_j in den erhobenen Daten auftaucht, wird mit $h_j = h_n(a_j)$ bezeichnet.

Der Anteil (die relative Häufigkeit), zu dem Ausprägung a_j in den erhobenen Daten vorkommt, wird mit $r_j = r_n(a_j)$ bezeichnet.
Die absolute Summenhäufigkeit $H_n(x)$ einer Zahl x ist die absolute Häufigkeit, mit der Ausprägungen kleinergleich x vorkommen:
$H_n(x) = \sum_{j \text{ mit } a_j \leq x} h_j$

Die empirische Verteilungsfunktion $F_n(x)$ gibt an, zu welchem Anteil Ausprägungen kleinergleich x in den Daten vorkommen: $F_n(x) = \sum_{j \text{ mit } a_j \leq x} r_j$

s. Aufgabe 2.1, S. 57

Aufgabe: Grafische Darstellung von Häufigkeitsverteilungen
Gegeben: Häufigkeitsdaten
Gesucht: Grafische Darstellung von Häufigkeiten und Summenhäufigkeiten (kumulierten Häufigkeiten)

Lösungsweg:
Absolute und relative Häufigkeiten können mittels Stabdiagramm und Häufigkeitspolygon dargestellt werden. Dabei entspricht jeweils die Höhe über einer Merkmalsausprägung der Häufigkeit. Relative Häufigkeiten können zusätzlich zu Stabdiagrammmen und Häufigkeitspolygonen mittels Histogramm und Kreisdiagramm dargestellt werden. Dabei entspricht jeweils die Fläche eines Rechtecks bzw. Kreissegments der relativen Häufigkeit.
Summenhäufigkeiten werden durch eine monoton steigende Treppenfunktion dargestellt.

s. Aufgabe 2.3, S. 57 | s. Aufgabe 2.4, S. 57

Aufgabe: Lageparameter aus der Urdaten-Reihe bestimmen
Gegeben: Daten $(x_1, \dots, x_n)$
Gesucht:
- Modalwert
- Arithmetisches Mittel
- Median
- Quantile
- Boxplot

Lösungsweg:
Formeln 1.3.1 bis 1.3.3 in Formelsammlung

Modalwert ist jeder häufigste Messwert — Formel 1.3.1

$$\text{Arithmetisches Mittel} = \frac{\text{Summe der Messwerte}}{\text{Anzahl der Messwerte}}$$ Formel 1.3.2

Median:
Liegt in der Mitte der *geordneten* Messreihe $x_{(1)}, \dots, x_{(n)}$
Falls die Zahl n der Messwerte gerade ist, ist es das arithmetische Mittel der beiden Werte in der Mitte.
Falls die Zahl n der Messwerte ungerade ist, ist es genau der Messwert in der Mitte.

q-Quantil:
Man berechnet die Zahl $n \cdot q$.
Falls $n \cdot q$ eine ganze Zahl ist, ist es mit $k = n \cdot q$ das arithmetische Mittel der beiden Werte $x_{(k)}$ und $x_{(k+1)}$
Falls $n \cdot q$ keine ganze Zahl ist, ermittelt man $k =$ kleinste ganze Zahl $> n \cdot q$ und nimmt den Messwert $x_{(k)}$ — Formel 1.3.3

Boxplot:
Die Box reicht vom unteren bis zum oberen Quartil.
Zusätzlich werden eingezeichnet arithmetisches Mittel und Median.

Man ermittelt als »Zäune«
unteres Quartil $-1.5\cdot$Quartilsabstand und
oberes Quartil $+1.5\cdot$Quartilsabstand.
Man zeichnet Linien (»Whiskers«) von der Box zum kleinsten und größten Messwert innerhalb der Zäune
Man zeichnet einzeln die »Ausreißer« = Messwerte außerhalb der Zäune.

Formel 1.3.7

s. Aufgabe 2.7, S. 58 | s. Aufgabe 2.8, S. 58 | s. Aufgabe 2.15, S. 59

Aufgabe: Lageparameter aus Häufigkeitsdaten ermitteln

Gegeben:

1. Ausprägungen eines Merkmals
2. absolute oder relative Häufigkeiten jeder Ausprägung

Gesucht:

- Modalwert
- Arithmetisches Mittel
- Median
- Quantile
- Boxplot

Lösungsweg:

Modalwert ist jeder Messwert mit maximaler absoluter oder relativer Häufigkeit

Formel 1.3.1

Arithmetisches Mittel
$= \frac{1}{n} \cdot$ (Summe der Produkte Ausprägung $\cdot$ (absolute Häufigkeit der Ausprägung))
= Summe der Produkte Ausprägung $\cdot$ (relative Häufigkeit der Ausprägung)

Formel 1.3.2

Median ist

die Ausprägung, bei der F den Wert 0.5 überspringt	F nimmt den Wert 0.5 nicht an
das arithmetische Mittel aus der Ausprägung x_j, bei dem F den Wert 0.5 erreicht und x_{j+1}	F nimmt den Wert 0.5 in x_j an

q-Quantil ist

die Ausprägung, bei der F den Wert q überspringt	F nimmt den Wert q nicht an
das arithmetische Mittel aus der Ausprägung x_j, bei dem F den Wert q erreicht und x_{j+1}	F nimmt den Wert q in x_j an

Formel 1.3.3

Boxplot (vgl. oben):
Gezeichnet werden unteres und oberes Quartil, Median und arithmetisches Mittel.
Über Zäune ermittelt man Ausreißer.
Whiskers werden vom kleinsten bis zum größten Messwert innerhalb der Zäune gezeichnet. Formel 1.3.7

s. Aufgabe 2.5, S. 58 | s. Aufgabe 2.6, S. 58

s. Aufgabe 2.17, S. 60 | s. Aufgabe 2.19, S. 60

Aufgabe: Daten zu Klassen zusammenstellen
Gegeben: Daten $(x_1, \dots, x_n)$
Gesucht:
(a) Halboffene, nach unten geschlossene Klassen bestimmter Breite
(b) Halboffene, nach oben geschlossene Klassen bestimmter Breite

Lösungsweg:
(a) Bei nach unten geschlossenen Klassen gehört die Klassengrenze jeweils zur unteren Klasse.
(b) Bei nach oben geschlossenen Klassen gehört die Klassengrenze jeweils zur oberen Klasse.

s. Aufgabe 2.2, S. 57 | s. Aufgabe 2.4, S. 57

Aufgabe: Verteilungsfunktion für klassierte Daten
Gegeben: Klassierte Daten:
1. Klassen
2. Häufigkeiten der Klassenbesetzung

Gesucht: Schätzung der empirischen Verteilungsfunktion an beliebigen Punkten

Lösungsweg:
Beim Schritt von Urdaten zu klassierten Daten verliert man Informationen.
Deshalb kann man aus klassierten Daten die empirische Verteilungsfunktion (relative Summenhäufigkeit) nur noch schätzen.
Dazu nimmt man an, dass innerhalb jeder Klasse die Ausprägungen gleichverteilt sind. Formel 1.2

Zu einer Zahl x in Klasse j wird die relative Summenhäufigkeit $F(x)$ so geschätzt, dass der Anteil an der Gesamtstufenhöhe, den F auf seinem Weg vom Niveau der unteren Stufe $F(x^*_{j-1})$ bis zum geschätzten Wert $F(x)$ durchschreitet, gleich dem Anteil ist, der in der Klasse bis x durchschritten wird.

s. Aufgabe 2.2, S. 57

Aufgabe: Schätzung von Lageparametern aus klassierten Daten

Gegeben: Klassierte Daten:

1. Klassen
2. Häufigkeiten der Klassenbesetzung

Gesucht:

(a) Schätzung des Modalwerts
(b) Schätzung des arithmetischen Mittels
(c) Schätzung des Medians, Schätzung von Quantilen

Lösungsweg:

(a) Als Schätzung des Modalwerts wird die Mitte der Klasse größter Klassenhäufigkeit verwendet.

(b) Arithmetisches Mittel

$\approx \frac{1}{n} \cdot$ (Summe der Produkte Klassenmitte · (absolute Klassenhäufigkeit))

= Summe der Produkte Klassenmitte · (relative Klassenhäufigkeit)

(c) q-Quantil:

Bei der Schätzung des q-Quantils (wobei der Median ja das 0.5-Quantil ist) ist der Anteil, der in der Klasse bis zu dieser Schätzung durchschritten wird, gleich dem Anteil an der Stufenhöhe, den F vom Niveau der unteren Stufe $F(x_{j-1}^*)$ bis q durchschreitet Formel 1.3.3

s. Aufgabe 2.18, S. 60 | s. Aufgabe 2.20, S. 61

Aufgabe: Durchschnittswert bestimmen

Gegeben: Daten

Gesucht: Korrekter Durchschnittswert

Lösungsweg: Formeln 1.3.2, 1.3.4, 1.3.5

(a) Falls die Daten Wachstumsraten oder -faktoren sind:

Berechnet wird zunächst der
durchschnittliche Wachstumsfaktor = geometrisches Mittel der Wachstumsfaktoren
Durchschnittliche Wachstumsrate = dieses Ergebnis -1

(b) Falls die Daten Anteile sind:

$$\frac{\text{Summe aller Teilgruppenmitglieder}}{\text{Summe aller Mitglieder der Gesamtgruppe}}$$

(c) Sonst:

Arithmetisches Mittel

s. Aufgabe 2.8, S. 58 | s. Aufgabe 2.9, S. 58 | s. Aufgabe 2.10, S. 59

s. Aufgabe 2.11, S. 59	s. Aufgabe 2.12, S. 59	s. Aufgabe 2.13, S. 59
s. Aufgabe 2.14, S. 59	s. Aufgabe 2.16, S. 60	s. Aufgabe 2.17, S. 60
s. Aufgabe 2.19, S. 60		

Aufgabe: Streuungsparameter aus Urdaten ermitteln
Gegeben: Daten $(x_1, \dots, x_n)$
Gesucht:
(a) Spannweite
(b) Quartilsabstand
(c) Mittlere absolute Abweichung vom Median
(d) Varianz eines vollständigen Datensatzes
(e) Stichprobenvarianz
(f) Standardabweichungen
(g) Variationskoeffizient eines vollständigen Datensatzes

Lösungsweg:
(a) Spannweite: Formel 1.4.1
Spannweite = Differenz aus größtem und kleinstem Messwert
(b) Quartilsabstand: Formel 1.4.2
Quartilsabstand = Differenz aus oberem und unterem Quartil
(c) Mittlerer Abstand, etwa vom Median: Formel 1.4.4, mit $c = \tilde{x}$
Mittlerer Abstand vom Median = $\frac{1}{n}$·Summe der Beträge |Messwert − Median|
(d) Varianz eines vollständigen Datensatzes =
Mittlere quadratische Abweichung vom Mittelwert: Formel 1.4.5
Varianz = $\frac{1}{n}$ · Summe der Quadrate von Differenzen (Messwert − Mittelwert)
Es gibt noch die Formel
Varianz = Arithmetisches Mittel der Quadrate der Messwerte
− Quadrat des Mittelwerts
Sie ist schneller zu rechnen, aber leider nicht so intuitiv.
(e) Stichprobenvarianz: Formel 3.1.1
Stichprobenvarianz = $\frac{1}{n-1}$ · Summe der Quadrate von Differenzen
(Messwert − Mittelwert)
Es gibt noch die Formel
Stichprobenvarianz = $\frac{1}{n-1}$ · [Summe der Quadrate der Messwerte
− n · Quadrat des Mittelwerts]
Sie ist schneller zu rechnen, aber leider nicht intuitiv.
(f) Standardabweichungen = jeweils Wurzel aus der Varianz
(Formeln 1.4.5 bzw. 3.1.1)

(g) Variationskoeffizienten: = jeweils Quotient aus Standardabweichung und Mittelwert Formeln 1.4.5 bzw. 3.1.1

s. Aufgabe 2.16, S. 60 | s. Aufgabe 2.21, S. 61

Aufgabe: Streuungsparameter aus Häufigkeitsdaten ermitteln

Gegeben:

1. Ausprägungen eines Merkmals
2. absolute oder relative Häufigkeiten jeder Ausprägung

Gesucht:

(a) Spannweite
(b) Quartilsabstand
(c) Mittlere absolute Abweichung vom Median
(d) Varianz eines vollständigen Datensatzes
(e) Stichprobenvarianz
(f) Standardabweichungen
(g) Variationskoeffizienten

Lösungsweg:

(a) Spannweite: Formel 1.4.1

Spannweite = Differenz aus größter und kleinster gemessener Merkmalsausprägung

(b) Quartilsabstand: Formel 1.4.2

Quartilsabstand = Differenz aus oberem und unterem Quartil

(c) Mittlerer Abstand, etwa vom Median (Formel 1.4.4)

Mittlerer Abstand vom Median =
$\frac{1}{n}$ · (Summe der Produkte |Ausprägung − Median |
· (absolute Häufigkeit der Ausprägung)) =
Summe der Produkte |Ausprägung − Median |
· (relative Häufigkeit der Ausprägung)

(d) Varianz eines vollständigen Datensatzes =
Mittlere quadratische Abweichung vom Mittelwert: Formel 1.4.5

Varianz =
$\frac{1}{n}$ · (Summe der Produkte (Ausprägung − Mittelwert)^2
· (absolute Häufigkeit der Ausprägung))

(e) Stichprobenvarianz (Formel 3.1.1)

Stichprobenvarianz =
$\frac{1}{n-1}$ · (Summe der Produkte (Ausprägung − Mittelwert)^2
· (absolute Häufigkeit der Ausprägung))
$= n/(n-1)\,\cdot$ Varianz des vollständigen Datensatzes

Falls nicht absolute, sondern relative Häufigkeiten gegeben sind, kann die Stichprobenvarianz ermittelt werden als

Stichprobenvarianz =
$\frac{n}{n-1}$ · (Summe der Produkte (Ausprägung − Mittelwert)^2
· (relative Häufigkeit der Ausprägung))

(f) Standardabweichungen: s.o. (Formeln 1.4.5 bzw. 3.1.1)

(g) Variationskoeffizienten: s.o. Formeln 1.4.5 bzw. 3.1.1

s. Aufgabe 2.17, S. 60 | s. Aufgabe 2.19, S. 60

Aufgabe: Schätzung von Streuungsparametern aus klassierten Daten
Gegeben: Klassierte Daten:
1. Klassen
2. Häufigkeiten der Klassenbesetzung

Gesucht: Schätzung von Streuungsparameteren

Lösungsweg:
Spannweite:

Spannweite ≈ größte Klassengrenze − kleinste Klassengrenze

Mittlerer Abstand vom Median:

Mittlerer Abstand vom Median ≈
$\frac{1}{n}$ · (Summe der Produkte |Klassenmitte − Medianschätzung|
· (absolute Klassenhäufigkeit))

Varianz eines vollständigen Datensatzes:

Varianz ≈ $\frac{1}{n}$ · (Summe der Produkte (Klassenmitte − Mittelwertschätzung)^2
· (absolute Klassenhäufigkeit))

Stichprobenvarianz:

Stichprobenvarianz ≈
$\frac{1}{n-1}$ · (Summe der Produkte (Klassenmitte − Mittelwertschätzung)^2
· (absolute Klassenhäufigkeit))

s. Aufgabe 2.18, S. 60 | s. Aufgabe 2.20, S. 61

2.7 Übungsaufgaben

Datensatz/Stichprobe

Aufgabe 2.1

(a) In einem Betrieb sind ein Direktor, 3 leitende Mitarbeiter und 10 Sachbearbeiter tätig.

(b) Beim Werfen eines Würfels wurden folgende Ergebnisse erzielt:

$4 \times$ »1«, $2 \times$ »2«, $5 \times$ »3«, $7 \times$ »4«, $3 \times$ »5«, $2 \times$ »6«

Geben Sie jeweils das Merkmal an und erstellen Sie die Tabelle der Ausprägungen, absoluten, relativen, prozentualen Häufigkeiten der Ausprägungen.
Zu Beispiel (b):
Ergänzen Sie die Tabelle um die absoluten und relativen Summenhäufigkeiten.
Wie oft wurde mindestens eine 3 geworfen? Wie oft höchstens eine 4?
Stellen Sie die empirische Verteilungsfunktion grafisch dar.

Aufgabe 2.2

Zehn Schüler wurden nach ihrer Größe befragt:

1.52, 1.63, 1.57, 1.68, 1.64, 1.70, 1.56, 1.72, 1.67, 1.66

(a) Fassen Sie die Zahlen zu halboffenen, nach oben geschlossenen Klassen der Breite 10 cm = 0.1 m zusammen, beginnend bei der Größe 1.50 m.

(b) Stellen Sie die absoluten und relativen Klassenhäufigkeiten tabellarisch dar.

(c) Berechnen Sie die Klassenmitten.

(d) Berechnen Sie die empirische Verteilungsfunktion der Größen 1.60 m.

(e) Schätzen Sie den Wert der empirischen Verteilungsfunktion der Größe 1.64 m grafisch und rechnerisch.

Aufgabe 2.3

Die Fehlerhäufigkeit einer Maschine ist in folgender Tabelle zusammengestellt:

Monat	1	2	3	4	5	6	7	8	9	10	11	12
Fehlerzahl	1	3	5	2	7	3	4	8	3	4	5	2

Stellen Sie die Fehlerhäufigkeit durch ein Häufigkeitspolygon dar.

Aufgabe 2.4

In einem Betrieb wurde die Zahl der Krankheitstage im Februar 2014 aufgelistet:

Krankheitstage	1	2	3	4	5	6
Häufigkeit	4	2	5	7	3	2

(a) Erstellen Sie ein Stabdiagramm der relativen Häufigkeiten.

(b) Fassen Sie die Daten zu Klassen zusammen:
$[0, 3]$ Tage, bis $]3, 4]$ Tage, bis $]4, 6]$ Tage. Erstellen Sie auch dazu ein Stabdiagramm und das zugehörige Histogramm.

Lageparameter

Aufgabe 2.5
Folgende Ergebnisse wurden beim zwanzigmaligen Würfeln erzielt:

Ergebnis	1	2	3	4	5	6
Häufigkeit	2	5	3	4	3	3

Welches ist der Modalwert?

Aufgabe 2.6
Folgende Diagramme stellen für zwei Stichproben der Länge 4 und 5 jeweils die empirische Verteilungsfunktion dar:

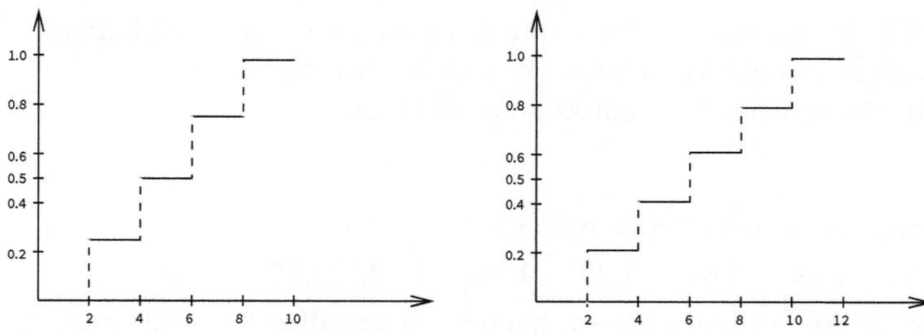

Ermitteln Sie jeweils grafisch den Median.

Aufgabe 2.7
8 Studenten überlegen, wie häufig sie im letzten Monat im Kino waren.

Student	S	T	U	V	W	X	Y	Z
Kinobesuche	3	5	2	4	8	2	5	3

Bestimmen Sie den Median.

Aufgabe 2.8
Die Ausgaben [Euro] einer Studentin für Mittagessen während der letzten Woche sind in folgender Tabelle zusammengestellt:

Mo	Di	Mi	Do	Fr	Sa	So
4.00	4.50	2.90	2.50	4.00	2.00	5.00

Ermitteln Sie 0.2- und 0.8-Quantil und arithmetisches Mittel.

Aufgabe 2.9
Von einer Ware wurde dreimal für 20 Euro eingekauft:

Mal	1	2	3
Menge	10	8	6

Berechnen Sie den durchschnittlich bezahlten Stückpreis.

Aufgabe 2.10
Von einer Ware wurde dreimal für 20 Euro eingekauft:

Mal	1	2	3
Stückpreis	2	2.5	4

Berechnen Sie den durchschnittlich bezahlten Stückpreis.

Aufgabe 2.11
In drei Studierendengruppen wurde der Anteil an Frauen bestimmt:

Gruppe	A	B	C
Anzahl Gruppenmitglieder	20	25	40
Anteil Frauen [%]	10	20	50

Bestimmen Sie den durchschnittlichen Frauenanteil in der Gesamtheit dieser drei Gruppen.

Aufgabe 2.12
In drei Studierendengruppen wurde der Anteil an Männern bestimmt:

Gruppe	A	B	C
Anzahl Männer	20	25	40
Anteil Männer [%]	10	20	50

Bestimmen Sie den durchschnittlichen Männeranteil in der Gesamtheit dieser drei Gruppen.

Aufgabe 2.13
Die Lohnsteigerungen in einem Betrieb betrugen in den letzten Jahren 7 %, 6 %, 4 %.
Errechnen Sie die durchschnittliche Steigerungsrate.

Aufgabe 2.14
Die Löhne in einer Branche lagen in den vergangenen Jahren bei

3000.00 3210.00 3402.60 3538.70 Euro.

Bestimmen Sie die durchschnittliche Lohnsteigerungsrate.

Aufgabe 2.15
Die Mitarbeiter in einem Betrieb gaben an, an wie vielen Wochentagen sie abends Bier getrunken haben:

Mitarbeiter	A	B	C	D	E	F	G	H	I	J
Anzahl der Tage	3	1	0	7	2	1	2	0	1	2

Zeichnen Sie das Boxplot.

Streuungsparameter

Aufgabe 2.16
Kerstin hat in der letzten Woche fünfmal beim Eisverkäufer in ihrer Nähe Eis gekauft. Sie hat jeweils bezahlt:

80 Cent 1.60 Euro 2.40 Euro 1.60 Euro 2.40 Euro.

(a) Ermitteln Sie das arithmetische Mittel und den Median.
(b) Berechnen Sie die mittlere absolute Abweichung vom Median, die Standardabweichung und den Variationskoeffizienten.

Aufgabe 2.17
Tom hat in der letzten Woche fünfmal beim Eisverkäufer in seiner Nähe Eis gekauft. Er hat jeweils bezahlt:

Preis	Häufigkeit
80 Cent	1
1.60 Euro	2
2.40 Euro	2

(a) Berechnen Sie arithmetisches Mittel und Median.
(b) Bestimmen Sie die mittlere absolute Abweichung vom Median und die Standardabweichung.

Aufgabe 2.18
Karla hat in der letzten Woche fünfmal beim Eisverkäufer in ihrer Nähe Eis gekauft. Sie hat jeweils bezahlt:

Preisklasse	Häufigkeit
$]0,1]$ Euro	1
$]1,2]$ Euro	2
$]2,3]$ Euro	2

(a) Schätzen Sie das arithmetische Mittel und den Median.
(b) Schätzen Sie die mittlere absolute Abweichung vom Median und die Standardabweichung.

Aufgabe 2.19
Ein Häusermakler hat Wohnobjekte zu den folgenden Preisen vermittelt:

Kaufpreis in 100000 Euro	3	4	5	6	7	8	9	10
Häufigkeit	2	7	6	4	4	1	0	1

(a) Ermitteln Sie das arithmetische Mittel und den Median.
(b) Zeichnen Sie das Boxplot.
(c) Berechnen Sie die mittlere absolute Abweichung vom Median und die Standardabweichung.

Aufgabe 2.20
Die folgende Aufstellung gibt die Größe des Wohnraums an, der zwanzig Studierenden zur Verfügung steht.
Die Daten sollen für Rückschlüsse auf die Wohnraumsituation von Studierenden in ganz Deutschland genutzt werden.

Wohnungsgröße	Häufigkeit
]0, 15]	6
]15, 30]	8
]30, 45]	4
]45, 60]	2

(a) Schätzen Sie das 0.6-Quantil.
(b) Schätzen Sie das arithmetische Mittel.
(c) Schätzen Sie die Spannweite, die mittlere absolute Abweichung vom Median und die Varianz.

Aufgabe 2.21
Ein Getränkehersteller liefert an vier Einzelhandelsgeschäfte. Die Liefermengen in Tsd. Stück sind in folgender Tabelle zusammengestellt.
Diese Daten sollen genutzt werden, um Rückschlüsse auf diesen Markt ziehen zu können.

Geschäft	A	B	C	D
Liefermenge	3	5	2	4

Ermitteln Sie
(a) die Spannweite, den Quartilsabstand, die mittlere absolute Abweichung vom Median;
(b) die Varianz, die Standardabweichung und den Variationskoeffizienten.

Aufgabe 2.22
Wenn sehr viele Daten erhoben wurden, hat die Verteilung der relativen Häufigkeiten oft in etwa die Gestalt einer »Normalverteilung«.
Hierzu ein Beispiel:
Im Jahr 2006 wurden für Spielwaren ca. 3.2 Milliarden Euro ausgegeben. In Deutschland gab es rund 12 Millionen minderjährige Kinder.
Das heißt, pro Kind lagen die Ausgaben für Spielwaren im Schnitt bei 266.67 Euro.

Ein (fiktives) Beispiel einer Erhebung:

Die Ausgaben für Spielwaren von 10000 Kindern sind in folgender Tabelle zusammengestellt:

Ausgabe	Häufigkeit
0	80
10	150
50	250
100	580
120	730
150	900
200	1000
250	1220
280	1230
300	1150
350	1110
400	800
450	590
500	140
550	70

Wie viel Prozent der Daten liegen im Bereich $[\bar{x} - s, \bar{x} + s]$?
Zwischen welchen Quantilen liegt ein ähnlicher Prozentsatz der Daten?

2.8 Lösungen

Lösung 2.1

(a) In einem Betrieb sind ein Direktor, 3 leitende Mitarbeiter und 10 Sachbearbeiter tätig.

Ausprägung	absolute Häufigkeit	relative Häufigkeit	prozentuale Häufigkeit
Direktor	1	$\frac{1}{14} = 0.07$	7 %
leitender Mitarbeiter	3	$\frac{3}{14} = 0.21$	21 %
Sachbearbeiter	10	$\frac{10}{14} = 0.71$	71 %

(b) Beim Werfen eines Würfels wurden folgende Ergebnisse erzielt:

Ausprägung	Absolute Häufigkeit	Relative Häufigkeit	Prozentuale Häufigkeit	Absolute Summenhäufigkeit	Relative Summenhäufigkeit
1	4	0.17	17 %	4	0.17
2	2	0.09	9 %	6	0.26
3	5	0.22	22 %	11	0.48
4	7	0.30	30 %	18	0.78
5	3	0.13	13 %	21	0.91
6	2	0.09	9 %	23	1.00

Mindestens 3 wurde $23 - 6 = 17$-mal geworfen.

Höchstens 4 wurde 18-mal geworfen.

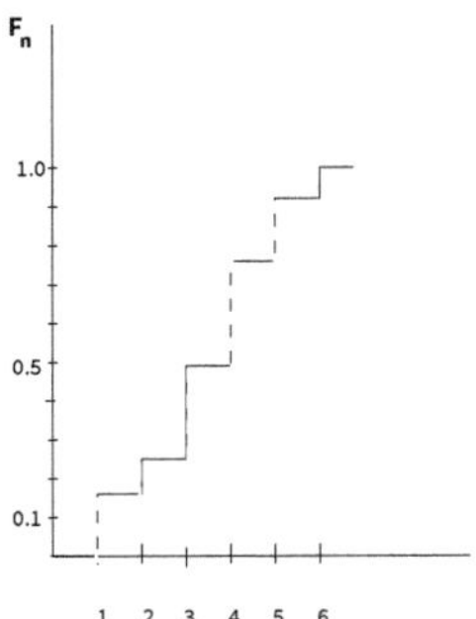

Lösung 2.2

Zehn Schüler wurden nach ihrer Größe befragt:

1.52, 1.63, 1.57, 1.68, 1.64, 1.70, 1.56, 1.72, 1.67, 1.66

(a) und (b): halboffenen, nach oben geschlossenen Klassen der Breite 10 cm = 0.1 m zusammen, beginnend bei der Größe 1.50 m, absolute und relative Klassenhäufigkeiten:

Klasse	[1.50, 1.60]	]1.60, 1.70]	]1.70, 1.80]
Absolute Häufigkeit	3	6	1
Relative Häufigkeit	0.3	0.6	0.1

(c) Klassenmitten: 1.55 1.65 1.75

(d) Empirische Verteilungsfunktion der Größe 1.60:

Da die Klassen nach oben geschlossen sind, gilt:

$F_n(1.60)$ = relative Häufigkeit in den Klassen bis zur Klassengrenze 1.60, also $F_n(1.60) = 0.3$

Alternativ:

Mit der Formel $F_n(x) \approx F_n(x^*_{j-1}) + r_j \cdot \frac{x-x^*_{j-1}}{b_j}$:

$F_n(1.60) \approx 0 + 0.3 \cdot \frac{0.1}{0.1} = 0 + 0.3 = 0.3$

(e) Schätzung der empirischen Verteilungsfunktion der Größe 1.64:

Grafisch:

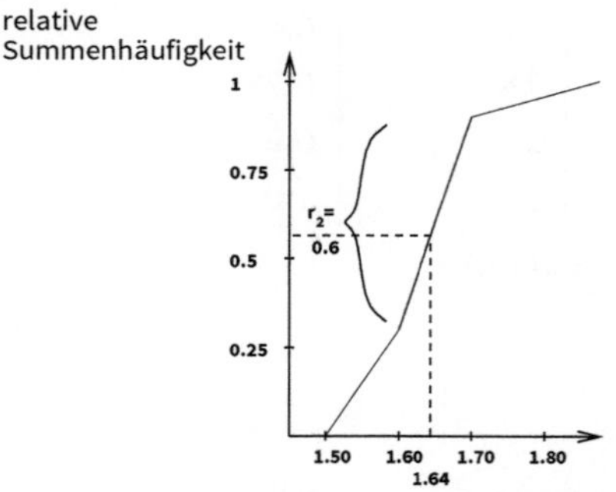

Rechnerisch:

Mit der Formel $F_n(x) \approx F_n(x^*_{j-1}) + r_j \cdot \frac{x-x^*_{j-1}}{b_j}$:

$F_n(1.64) \approx 0.3 + 0.6 \cdot \frac{0.04}{0.1} = 0.3 + 0.24 = 0.54$

Lösung 2.3

Die Fehlerhäufigkeit einer Maschine ist in folgender Tabelle zusammengestellt:

Monat	1	2	3	4	5	6	7	8	9	10	11	12
Fehlerzahl	1	3	5	2	7	3	4	8	3	4	5	2

Häufigkeitspolygon:

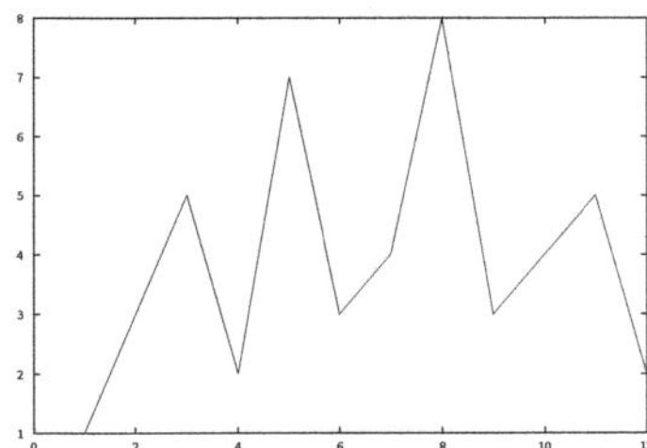

Lösung 2.4
In einem Betrieb wurde die Zahl der Krankheitstage im Februar 2014 aufgelistet:

Krankheitstage	1	2	3	4	5	6
Häufigkeit	4	2	5	7	3	2

(a) Stabdiagramm:

Krankheitstage	1	2	3	4	5	6
Häufigkeit	4	2	5	7	3	2
relative Häufigkeit	0.17	0.09	0.22	0.30	0.13	0.09

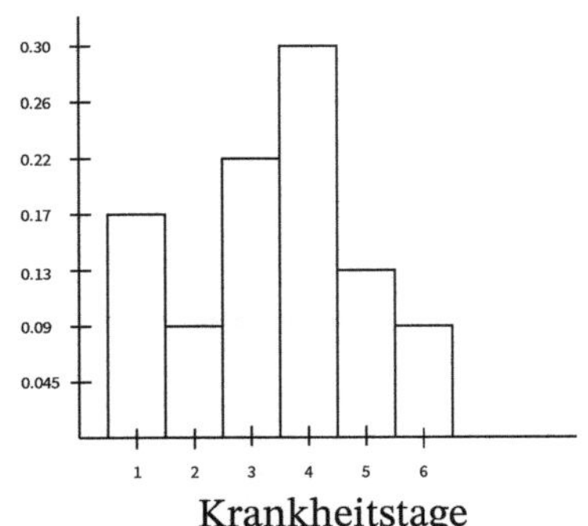

(b) Klassen [0, 3] Tage, bis]3, 4] Tage, bis]4, 6] Tage.

Krankheitstage	[0, 3]	]3, 4]	]4, 6]
relative Häufigkeit	0.48	0.30	0.22
Rechteckhöhe	0.16	0.3	0.11

Stabdiagramm:

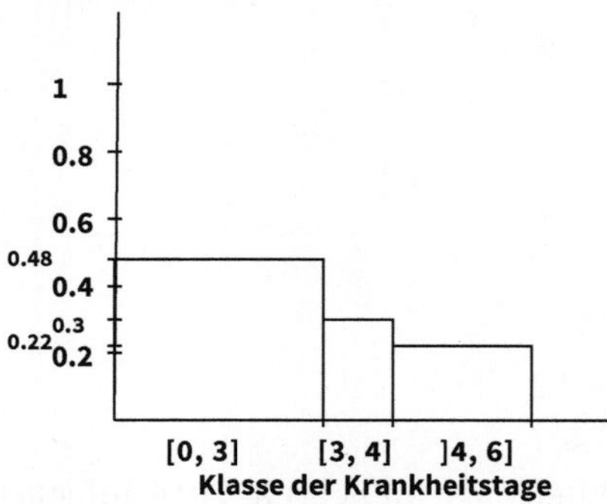

Histogramm:

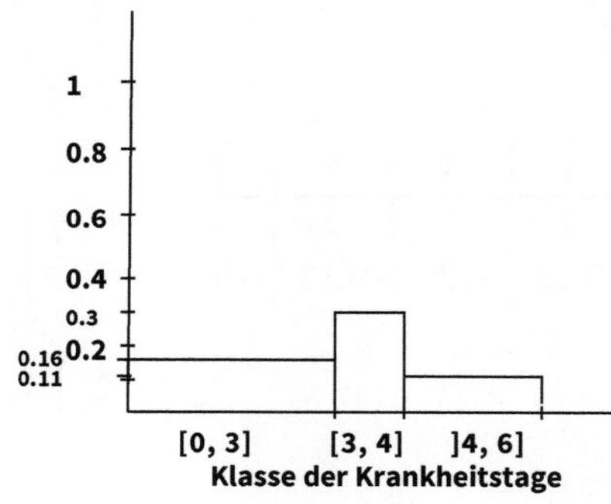

Lösung 2.5

Folgende Ergebnisse wurden beim zwanzigmaligen Würfeln erzielt:

Ergebnis	1	2	3	4	5	6
Häufigkeit	2	5	3	4	3	3

Modalwert ist der häufigste Wert = 2.

Lösung 2.6

Folgende Diagramme stellen für zwei Stichproben der Länge 4 und 5 jeweils die empirische Verteilungsfunktion dar:

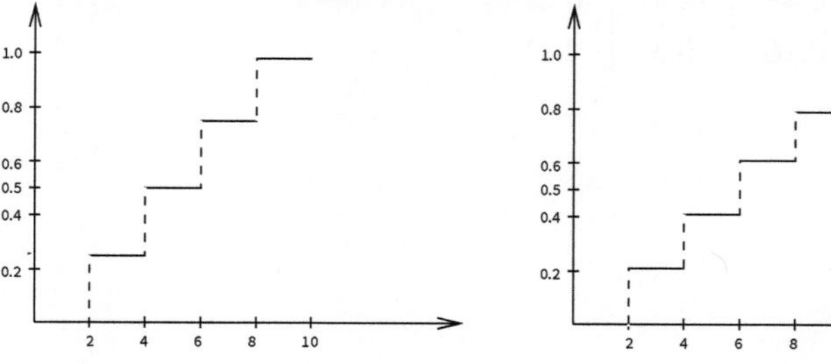

Grafische Ermittlung der Mediane:

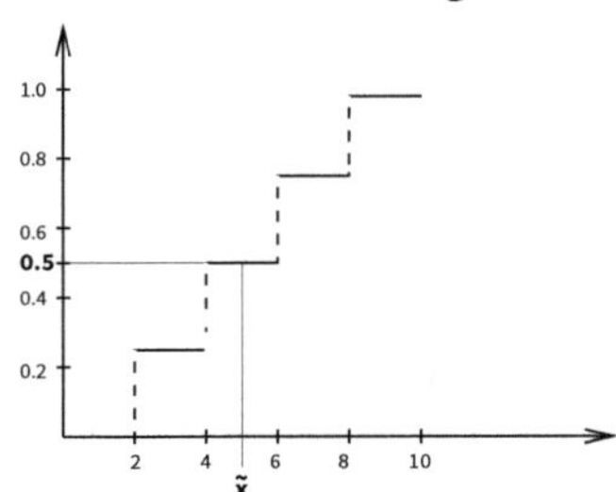

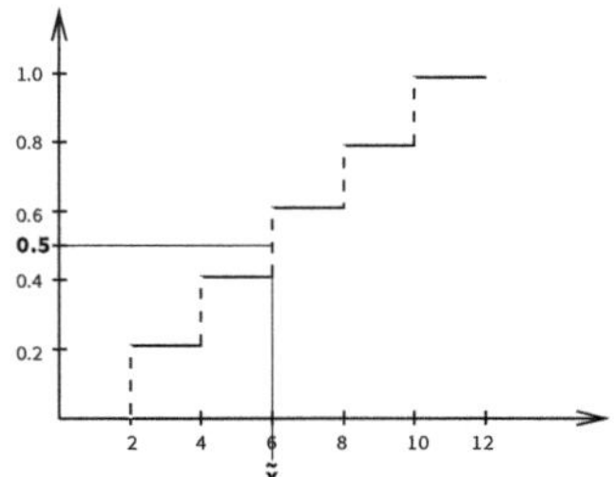

Lösung 2.7
8 Studenten überlegen, wie häufig sie im letzten Monat im Kino waren.

Student	S	T	U	V	W	X	Y	Z
Kinobesuche	3	5	2	4	8	2	5	3

Geordnete Reihe der Messwerte:

$2 \leq 2 \leq 3 \leq 3 \leq 4 \leq 5 \leq 5 \leq 8$

Median: $\tilde{x} = \frac{3+4}{2} = 3.5$

Lösung 2.8
Die Ausgaben [Euro] einer Studentin für Mittagessen während der letzten Woche sind in folgender Tabelle zusammengestellt:

Mo	Di	Mi	Do	Fr	Sa	So
4.00	4.50	2.90	2.50	4.00	2.00	5.00

Geordnete Messreihe:

2.00 2.50 2.90 4.00 4.00 4.50 5.00

$n \cdot q_1 = 7 \cdot 0.2 = 1.4$ ist nicht ganzzahlig, also ist der 2. Messwert das 0.2-Quantil:
$\tilde{x}_{0.2} = 2.50$
$n \cdot q_2 = 7 \cdot 0.8 = 5.6$ ist nicht ganzzahlig, also ist der 6. Messwert das 0.8-Quantil:
$\tilde{x}_{0.8} = 4.50$

Arithmetischer Mittelwert:

$$\bar{x} = \frac{2+2.5+2.9+2 \cdot 4+4.5+5}{7} = 3.56$$

Lösung 2.9
Von einer Ware wurde dreimal für 20 Euro eingekauft:

Mal	1	2	3
Menge	10	8	6

$$\text{Durchschnittspreis} = \frac{\text{Gesamtpreis}}{\text{Gesamtmenge}}$$

Dabei:
Gesamtpreis = $3 \cdot 20$
Gesamtmenge = $10 + 8 + 6$

Also:
Durchschnittspreis = $\frac{60}{24} = 2.5$

Lösung 2.10
Von einer Ware wurde dreimal für 20 Euro eingekauft:

Mal	1	2	3
Stückpreis	2	2.5	4

Durchschnittspreis = $\frac{\text{Gesamtpreis}}{\text{Gesamtmenge}}$
Gesamtpreis = $3 \cdot 20$
Gesamtmenge = $M_1 + M_2 + M_3$ mit $M_i = \frac{20}{p_i}$,
also $M_1 = \frac{20}{2} = 10, M_2 = \frac{20}{2.5} = 8, M_3 = \frac{20}{4} = 5$,
also
Durchschnittspreis = $\frac{60}{10+8+5} = \frac{60}{23} = 2.6$

Alternativ kann hier auch die Formel
$\bar{x}_h = \frac{n}{\sum \frac{1}{x_i}} = \frac{3}{\frac{1}{2}+\frac{1}{2.5}+\frac{1}{4}} = \frac{3}{\frac{10+8+5}{20}} = 2.6$ benutzt werden.

Lösung 2.11
In drei Studierendengruppen wurde der Anteil an Frauen bestimmt:

Gruppe	A	B	C
Anzahl Gruppenmitglieder	20	25	40
Anteil Frauen [%]	10	20	50

Daraus ergeben sich:

Anzahl Frauen	2	5	20

$$\text{Durchschnittlicher Frauenanteil} = \frac{2+5+20}{20+25+40} = 0.318$$

Lösung 2.12
In drei Studierendengruppen wurde der Anteil an Männern bestimmt:

Gruppe	A	B	C
Anzahl Männer	20	25	40
Anteil Männer [%]	10	20	50

Daraus ergeben sich:

Anzahl Gruppenmitglieder	200	125	80

$$\text{Durchschnittlicher Männeranteil} = \frac{20+25+40}{200+125+80} = 0.210$$

Lösung 2.13

Die Lohnsteigerungen in einem Betrieb betrugen in den letzten Jahren 7 %, 6 %, 4 %.

1. Steigerungsfaktoren q_i : 1.07 1.06 1.04.
2. Durchschnittlicher Steigerungsfaktor:

$$q =^3 \sqrt{q_1 \cdot q_2 \cdot q_3} =^3 \sqrt{1.07 \cdot 1.06 \cdot 1.04} =^3 \sqrt{1.1795680} = 1.056593)$$

3. Durchschnittliche Steigerungsrate: $i = (q - 1) \cdot 100\,\% = 5.7\,\%$

Lösung 2.14

Die Löhne in einer Branche lagen in den vergangenen Jahren bei

3000.00 3210.00 3402.60 3538.70 Euro.

1. Steigerungsraten:

$$i_1 = \frac{3210-3000}{3000} = 0.07$$

$$i_2 = \frac{3402.6-3210}{3210} = 0.06$$

$$i_3 = \frac{3538.7-3402.6}{3402.6} = 0.04$$

2. Mittlerer Steigerungsfaktor:

$$q = \sqrt[3]{1.07 \cdot 1.06 \cdot 1.04} = 1.05659$$

3. Die durchschnittliche Lohnsteigerungsrate beträgt 5.659 %.

Lösung 2.15

Die Mitarbeiter in einem Betrieb gaben an, an wie vielen Wochentagen sie abends Bier getrunken haben:

Mitarbeiter	A	B	C	D	E	F	G	H	I	J
Anzahl der Tage	3	1	0	7	2	1	2	0	1	2

Boxplot:

$n = 10$

Anzahl der Tage	0	1	2	3	7
Häufigkeit:	2	3	3	1	1
Empirische Verteilungsfunktion:	0.2	0.5	0.8	0.9	1

$$
\begin{aligned}
x_{\min} &= 0\\
x_{\max} &= 7\\
\bar{x} &= 1.9\\
\tilde{x} &= 1.5\\
\tilde{x}_{0.25} &= 1\\
\tilde{x}_{0.75} &= 2\\
QA &= 1\\
z_l &= -0.5\\
z_r &= 3.5
\end{aligned}
$$

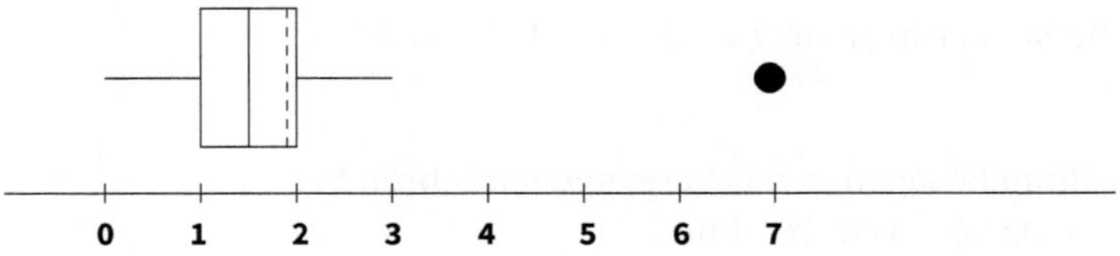

Lösung 2.16

Kerstin hat in der letzten Woche fünfmal beim Eisverkäufer in ihrer Nähe Eis gekauft. Sie hat jeweils bezahlt:

80 Cent 1.60 Euro 2.40 Euro 1.60 Euro 2.40 Euro.

Geordnete Messreihe:

0.80 1.60 1.60 2.40 2.40

(a) Arithmetisches Mittel und Median:

$$
\begin{aligned}
\bar{x} &= \frac{1}{5} \cdot (0.8 + 1.6 + 1.6 + 2.4 + 2.4)\\
&= 1.76\\
\tilde{x} &= 1.60
\end{aligned}
$$

(b) Mittlere absolute Abweichung vom Median, Standardabweichung und Variationskoeffizient:

$$
\begin{aligned}
d_{\tilde{x}} &= \frac{1}{5} \cdot (|0.8 - 1.6| + |1.6 - 1.6| + |1.6 - 1.6| + |2.4 - 1.6| +\\
&\quad |2.4 - 16|)\\
&= 0.48\\
\hat{s}^2 &= \frac{1}{5} \cdot \big((0.8 - 1.76)^2 + (1.6 - 1.76)^2 + (1.6 - 1.76)^2 +\\
&\quad (2.4 - 1.76)^2 + (2.4 - 1.76)^2\big)\\
&= 0.3584\\
\hat{s} &= 0.5987\\
v &= \frac{0.5987}{1.76}\\
&= 0.3402
\end{aligned}
$$

Lösung 2.17

Tom hat in der letzten Woche fünfmal beim Eisverkäufer in seiner Nähe Eis gekauft. Er hat jeweils bezahlt:

Preis		Häufigkeit
80	Cent	1
1.60	Euro	2
2.40	Euro	2

(a) Arithmetisches Mittel und Median:

a_j	h_j	r_j	F_n
0.80	1	0.2	0.2
1.60	2	0.4	0.6
2.40	2	0.4	1.0

$$\begin{aligned}\bar{x} &= 0.8 \cdot 0.2 + 1.6 \cdot 0.4 + 2.4 \cdot 0.4 \\ &= 1.76\end{aligned}$$

$$\tilde{x} = 1.6$$

(b) Mittlere absolute Abweichung vom Median und Standardabweichung:

$$\begin{aligned}d_{\tilde{x}} &= |0.8 - 1.6| \cdot 0.2 + |1.6 - 1.6| \cdot 0.4 + |2.4 - 1.6| \cdot 0.4 \\ &= 0.48\end{aligned}$$

$$\begin{aligned}\hat{s}^2 &= (0.8 - 1.76)^2 \cdot 0.2 + (1.6 - 1.76)^2 \cdot 0.4 + (2.4 - 1.76)^2 \cdot 0.4 \\ &= 0.3584 \\ \hat{s} &= 0.5987\end{aligned}$$

Lösung 2.18

Karla hat in der letzten Woche fünfmal beim Eisverkäufer in ihrer Nähe Eis gekauft. Sie hat jeweils bezahlt:

Preisklasse		Häufigkeit
$]0, 1]$	Euro	1
$]1, 2]$	Euro	2
$]2, 3]$	Euro	2

(a) Arithmetisches Mittel und Median:

K_j	h_j	r_j	F_n
$]0, 1]$	1	0.2	0.2
$]1, 2]$	2	0.4	0.6
$]2, 3]$	2	0.4	1.0

$$\begin{aligned}\bar{x} &\approx 0.5 \cdot 0.2 + 1.5 \cdot 0.4 + 2.5 \cdot 0.4 \\ &= 1.70 \\ \tilde{x} &\approx 1 + \frac{0.5-0.2}{0.6-0.2} \cdot 1 \\ &= 1.75\end{aligned}$$

(b) Mittlere absolute Abweichung vom Median und Standardabweichung:

$$\begin{aligned}d_{\tilde{x}} &\approx |0.5 - 1.75| \cdot 0.2 + |1.5 - 1.75| \cdot 0.4 + |2.5 - 1.75| \cdot 0.4 \\ &= 0.65 \\ \hat{s}^2 &= (0.5 - 1.7)^2 \cdot 0.2 + (1.5 - 1.7)^2 \cdot 0.4 + (2.5 - 1.7)^2 \cdot 0.4 \\ &= 0.56 \\ \hat{s} &= 0.7483\end{aligned}$$

Lösung 2.19

Ein Häusermakler hat Wohnobjekte zu den folgenden Preisen vermittelt:

Kaufpreis in 100000 Euro	3	4	5	6	7	8	9	10
Häufigkeit	2	7	6	4	4	1	0	1

Daraus ergibt sich:

Empirische Verteilungs-funktion	0.08	0.36	0.6	0.76	0.92	0.96	0.96	1

Gesamtzahl der verkauften Objekte: 25

(a) Arithmetisches Mittel und Median:

$$\begin{aligned}\bar{x} &= \frac{1}{25} \cdot (2 \cdot 3 + 7 \cdot 4 + 6 \cdot 5 + 4 \cdot 6 + 4 \cdot 7 + 1 \cdot 8 + 1 \cdot 10) \\ &= 5.36 \\ \tilde{x} &= 5 \qquad \text{nach Tabelle}\end{aligned}$$

(b) Boxplot:

Zunächst werden noch die beiden Quartile, Zäune und damit Ausreißer benötigt:

$$\begin{aligned}\tilde{x}_{0.25} &= 4 \quad \text{nach Tabelle} \\ \tilde{x}_{0.75} &= 6 \quad \text{nach Tabelle} \\ QA &= 2 \\ z_l &= 4 - 1.5 \cdot 2 \\ &= 1 \\ z_r &= 6 + 1.5 \cdot 2 \\ &= 9\end{aligned}$$

Kleinster Messwert innerhalb der Zäune ist 3.
Größter Messwert innerhalb der Zäune ist 8.
Ausreißer ist der Wert 10.

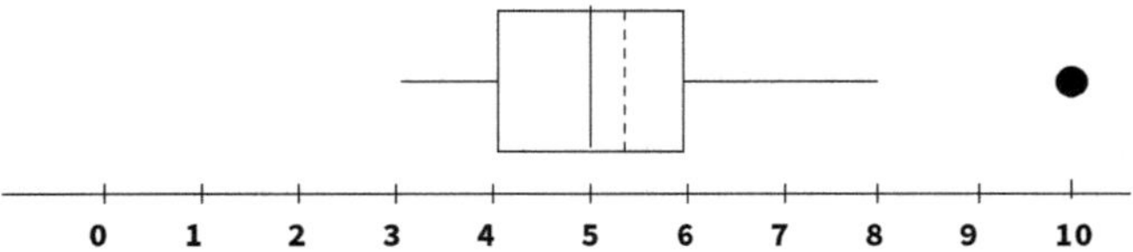

(c) Mittlere absolute Abweichung vom Median und Standardabweichung:

$$\begin{aligned} d_{\tilde{x}} &= \frac{1}{25} \cdot (|3-5| \cdot 2 + |4-5| \cdot 7 + |6-5| \cdot 4 + |7-5| \cdot 4 + \\ &\quad |8-5| \cdot 1 + |10-5| \cdot 1) \\ &= 1.24 \end{aligned}$$

$$\begin{aligned} \hat{s}^2 &= \frac{1}{25} \cdot \big((3-5.36)^2 \cdot 2 + (4-5.36)^2 \cdot 7 + (5-5.36)^2 \cdot 6 + \\ &\quad (6-5.36)^2 \cdot 4 + (7-5.36)^2 \cdot 4 + (8-5.36)^2 \cdot 1 + \\ &\quad (10-5.36)^2 \cdot 1\big) \\ &= 2.63 \\ \hat{s} &= \sqrt{2.63} \\ &= 1.622 \end{aligned}$$

Lösung 2.20
Die folgende Aufstellung gibt die Größe des Wohnraums an, der zwanzig Studierenden zur Verfügung steht.
Die Daten sollen für Rückschlüsse auf die Wohnraumsituation von Studierenden in ganz Deutschland genutzt werden.

Wohnungs-größe	Häufigkeit	relative Häufigkeit	Daraus ergibt sich: relative Summenhäufigkeit
$]0, 15]$	6	0.3	0.3
$]15, 30]$	8	0.4	0.7
$]30, 45]$	4	0.2	0.9
$]45, 60]$	2	0.1	1

(a) Schätzung des 0.6-Quantils:

$$\tilde{x}_{0.6} \approx 15 + \frac{0.6-0.3}{0.7-0.3} \cdot 15 = 15 + \frac{3}{4} \cdot 15 = 26.25$$

(b) Schätzung des arithmetischen Mittels:

$$\bar{x} \approx 0.3 \cdot 7.5 + 0.4 \cdot 22.5 + 0.2 \cdot 37.5 + 0.1 \cdot 52.5 = 24.0$$

(c) Schätzung der Spannweite, der mittleren absoluten Abweichung vom Median und der Varianz:

$$
\begin{aligned}
R &\approx 60-0 \quad = 60 \\
\tilde{x} &\approx 15 + \frac{0.5-0.3}{0.7-0.3} \cdot 15 \\
&= 22.5 \\
d_{\tilde{x}} &= \frac{1}{20} \cdot (6 \cdot |7.5-22.5| + 8 \cdot |22.5-22.5| \\
&\quad +4 \cdot |37.5-22.5| + 2 \cdot |52.5-22.5|) \\
&= 10.5 \\
s^2 &\approx \frac{1}{19} \cdot \big(6 \cdot (7.5-24)^2 + 8 \cdot (22.5-24)^2 + \\
&\quad 4 \cdot (37.5-24)^2 + 2 \cdot (52.5-24)^2\big) \\
&= 210.789
\end{aligned}
$$

Hier wird die Stichprobenvarianz berechnet, da die Daten für Rückschlüsse auf die Wohnraumsituation von Studierenden in ganz Deutschland genutzt werden sollen.

Lösung 2.21

Ein Getränkehersteller liefert an vier Einzelhandelsgeschäfte. Die Liefermengen in Tsd. Stück sind in folgender Tabelle zusammengestellt.
Diese Daten sollen genutzt werden, um Rückschlüsse auf diesen Markt ziehen zu können.

Geschäft	A	B	C	D
Liefermenge	3	5	2	4

Geordnete Messreihe: $2 < 3 < 4 < 5$

Lageparameter:

Median: $\tilde{x} = 3.5$

Unteres Quartil: $\tilde{x}_{0.25} = 2.5$

Oberes Quartil: $\tilde{x}_{0.75} = 4.5$

Arithmetisches Mittel: $\bar{x} = 3.5$

Streuungsparameter:

(a) Spannweite, Quartilsabstand, mittlere absolute Abweichung vom Median:

Spannweite: $x_4 - x_1 = 5 - 2 = 3$

Quartilsabstand $QA = 4.5 - 2.5 = 2$

durchschnittliche

Abweichung vom Median: $d_{\tilde{x}} = \frac{1}{n} \sum |x_i - \tilde{x}|$

$$= \frac{1.5+0.5+0.5+1.5}{4} = 1$$

(b) Varianz, Standardabweichung, Variationskoeffizient:

Varianz: $s^2 = \frac{1}{n-1} \cdot \sum(x_i - \bar{x})^2$

$= \frac{1}{3} \cdot (1.5^2 + 0.5^2 + 0.5^2 + 1.5^2)$

$= \frac{2.25+0.25+0.25+2.25}{3} = \frac{5}{3} = 1.\bar{6}$

Standardabweichung: $s = \sqrt{s^2} = 1.291$

Variationskoeffizient: $v = \frac{s}{\bar{x}} = \frac{1.291}{3.5} = 0.3689$

Hier werden Stichprobenvarianz und -standardabweichung genutzt, da die Daten für Rückschlüsse auf den gesamten Markt genutzt werden sollen.

Lösung 2.22

Wenn sehr viele Daten erhoben wurden, hat die Verteilung der relativen Häufigkeiten oft in etwa die Gestalt einer »Normalverteilung«.

Hierzu ein Beispiel:

Im Jahr 2006 wurden für Spielwaren ca. 3.2 Milliarden Euro ausgegeben. In Deutschland gab es rund 12 Millionen minderjährige Kinder.

Das heißt, pro Kind lagen die Ausgaben für Spielwaren im Schnitt bei 266.67 Euro.

Ein (fiktives) Beispiel einer Erhebung:

Die Ausgaben für Spielwaren von 10000 Kindern sind in folgender Tabelle zusammengestellt:

Ausgabe	Häufigkeit
0	80
10	150
50	250
100	580
120	730
150	900
200	1000
250	1220
280	1230
300	1150
350	1110
400	800
450	590
500	140
550	70

$$\bar{x} = 257.15$$
$$s^2 = 13174.778$$
$$s = 114.781$$

Im Bereich $[142.37, 371.93]$ liegen $900 + 1000 + 1220 + 1230 + 1150 + 1110 = 6610$ Datenpunkte, das entspricht 66.10 %.

Zwischen $\tilde{x}_{0.17}$ und $\tilde{x}_{0.83}$ liegen auch mindestens 66 % der Daten.

Ausgaben	Empirische Verteilungsfunktion
0	0.008
10	0.023
50	0.048
100	0.106
120	0.179
150	0.269
200	0.369
250	0.491
280	0.614
300	0.729
350	0.840
400	0.920
450	0.979
500	0.993
550	1.000

$$\tilde{x}_{0.17} = 120, \qquad \tilde{x}_{0.83} = 350$$

Zwischen 120 und 350 Euro Ausgaben (einschließlich) pro Kind liegen auch mindestens 73.4 % der Daten.

Tatsächlich liegen dort 73.4 %.

2.9 Bezug zu weiterführenden Anwendungen

Marktforschung

Lageparameter

In der Marktforschung ist der Median oft der einzig sinnvolle Lageparameter für erhobene Daten. Nehmen wir an, ein Autohersteller möchte ein neues Modell auf den Markt bringen. Es versteht sich, dass ein so großes Unternehmen selbstverständlich vor der Produktion des Autos den Markt auf Akzeptanz des neuen Modells testet. In diesem Zusammenhang wurde ein Marktforschungsinstitut engagiert. In der Regel erstellt das Institut einen Fragebogen und stellt die darauf niedergeschriebenen Fragen einem gewissen Personenkreis. Oft beginnen diese Fragebögen mit der Abfrage des Alters, des Einkommens etc. Danach wird getestet, wie das neue Modell ankommt und ob die Probanden die neuen Merkmale des Autos (Ausstattung, Fahrzeugdaten etc.) mögen. Nicht unüblich ist es, dass eine der letzten Fragen des Fragebogens direkt die Probanden anspricht und fragt, ob sie dieses neue Automodell auch kaufen würden. Gehen wir hier einmal davon aus, dass insgesamt zehn Menschen befragt wurden und drei Antworten möglich waren, nämlich ja (j), nein (n) oder vielleicht (v). Die Daten sind in der Tabelle zusammengefasst. Eine Mehrfachnennung war nicht möglich.

Person	1	2	3	4	5	6	7	8	9	10
Antwort	j	j	n	n	j	n	v	v	j	j

Da der Vorstand diese erhobenen Urdaten aufgrund von chronischem Zeitmangel nicht auswerten kann, möchte er von den Marktforschern eine Kennzahl, welche die Meinung der Probanden widerspiegelt. Der Mittelwert ist an dieser Stelle nicht anwendbar. Die Marktforscher könnten natürlich errechnen, dass 5 von 10 Befragen das Auto kaufen würden. Allerdings müssten sie dann auch erklären, dass 3 von 10 das Auto nicht und 2 von 10 das Auto nur vielleicht kaufen würden. Der Vorstand möchte jedoch eine Kennzahl. Hier ziehen die Marktforscher den Modalwert heran, der die häufigste Ausprägung der Variable Antworten angibt. In diesem Fall wäre dies die Ausprägung »ja, ich würde das Auto kaufen«. Beachten Sie bitte, dass bei anderen Variablen, z.B. Gehalt oder Alter, der Modalwert besser durch das arithmetische Mittel ersetzt wird.

Frage an Sie: Wie würden Sie die 10 Personen auswerten, wenn Sie im Fragebogen nach ihrer Herkunft, angegeben als PLZ, gefragt hätten?

3 Zweidimensionale Datenreihen

Eine zweidimensionale Datenreihe besteht aus Ausprägungen zweier Merkmale.

Bezeichnungen:
Verbundene Werte sind Merkmalsausprägungen, die jeweils am selben Merkmalsträger erhoben werden.

Im Fall von zwei Merkmalsausprägungen ergibt eine Messung Wertepaare $((x_1, y_1), (x_2, y_2), \ldots, (x_n, y_n))$.

Beispiel:
Körpergröße – Körpergewicht
Schuhgröße – Handschuhgröße
Umsatz – Gewinn eines Betriebs über die Zeit

Werden Merkmalsarten an unterschiedlichen Merkmalsträgern erhoben, so spricht man von *unverbundenen* Werten bzw. einer unverbundenen Stichprobe.

Beispiel:
Reaktionszeit vor Alkoholgenuss bei Gruppe 1 –
Reaktionszeit nach Alkoholgenuss bei Gruppe 2

Die weiteren Beschreibungen beziehen sich auf *verbundene* Stichproben.

Die Länge einer Stichprobe wird weiterhin mit n bezeichnet.
Die Ausprägungen von Merkmal X sind $a_1, \ldots, a_m$, die Ausprägungen von Merkmal Y sind $b_1, \ldots, b_l$.

Beispiele:
Anzahlen von Storchenpaaren und Geburtenzahlen bei Menschen:

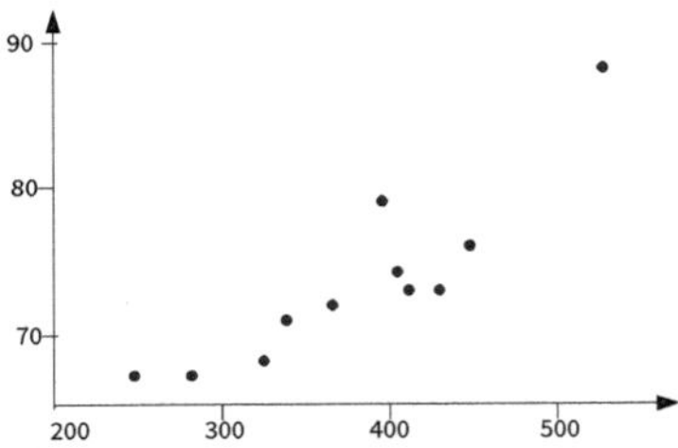

Auf der waagerechten Achse sind die Anzahlen von Storchenpaaren aufgeführt, auf der senkrechten Geburtszahlen bei Menschen.

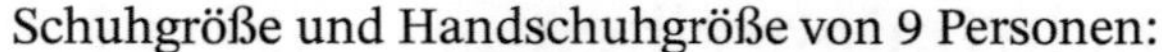

Schuhgröße und Handschuhgröße von 9 Personen:

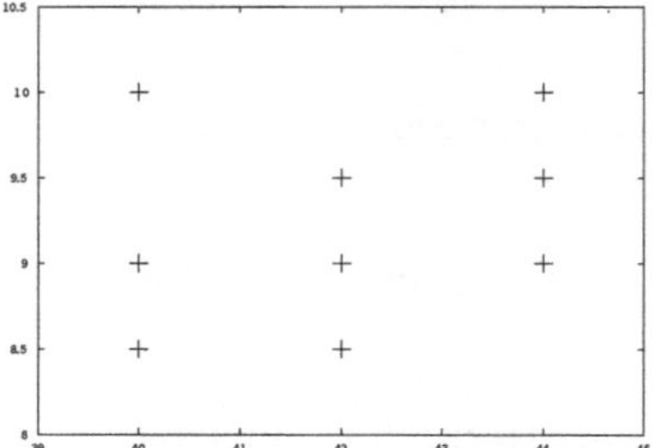

Auf der waagerechten Achse sind Schuhgrößen, auf der senkrechten Handschuhgrößen aufgetragen.

Abbau der Adrenalinkonzentration in der Leber:

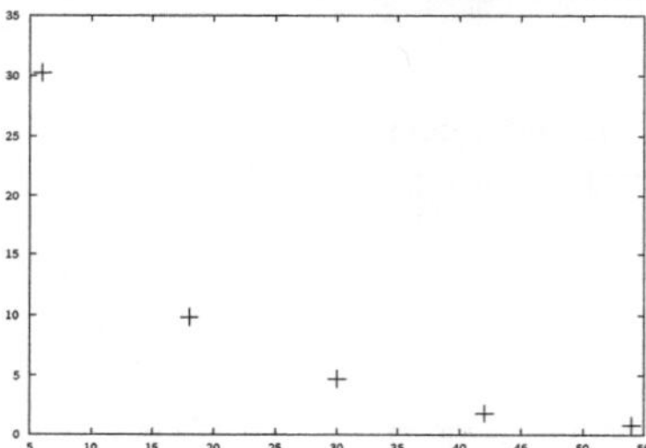

Auf der waagerechten Achse ist der Zeitverlauf, auf der senkrechten die Adrenalinkonzentration in der Leber aufgetragen.

In der *Korrelationsrechnung* geht es darum herauszufinden, ob sich zwei Größen miteiander oder gegeneinander entwickeln – oder ob man keine gemeinsame Entwicklung erkennen kann. Typische Fragen sind also:

- Kann man von der Entwicklung des einen auf die des anderen Merkmals schließen?
- Steigt das eine Merkmal, wenn das andere steigt?
- Steigt es, wenn das andere fällt?

Die *Regressionsrechnung* stellt einen Zusammenhang zwischen zwei Merkmalen in Form einer Funktion her; eins der Merkmale wird als unabhängige, das andere als abhängige Größe betrachtet. Typische Fragestellungen sind:

- Gibt es eine unabhängige und eine abhängige Größe?
- Kann der Zusammenhang zwischen den Größen X und Y durch eine lineare Funktion $Y = a + b \cdot X$ beschrieben werden?
- Kann der Zusammenhang besser durch eine andere Funktion beschrieben werden?

3.1 Grafische Darstellung

Zweidimensionale Datenreihen können durch ein Streudiagramm (eine Punktwolke) dargestellt werden; im Fall einer Zeitreihe bietet sich ein Streckenzug an, bei dem die Punkte durch Strecken miteinander verbunden werden.

Beispiele:

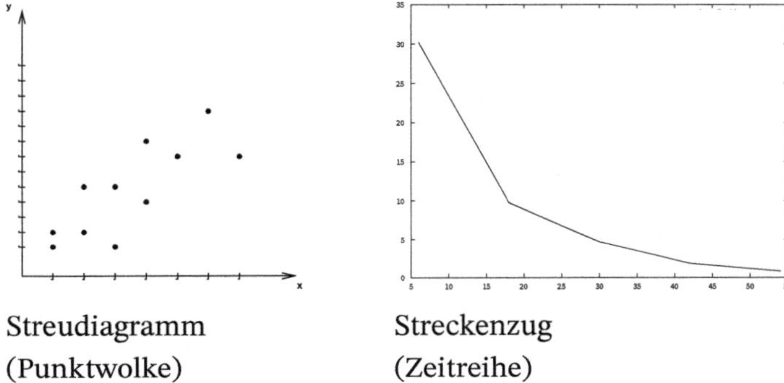

Streudiagramm (Punktwolke) | Streckenzug (Zeitreihe)

3.2 Tabellarische Darstellung

(a) Aufgenommene Messwerte:

Ereignis	Merkmal X	Merkmal Y
1	x_1	y_1
2	x_2	y_2
3	x_3	y_3
4	x_4	y_4
5	$\vdots$	$\vdots$

(b) Tabellarische Messwerte

Die absolute beziehungsweise relative gemeinsame *Häufigkeitsverteilung* der beiden Merkmale besteht aus der Gesamtheit aller $m \cdot l$ Paare von Merkmalsausprägungen zusammen mit ihren absoluten beziehungsweise relativen Häufigkeiten.

Sie wird tabellarisch in einer *Kontingenztafel* dargestellt:

- Die *Absolute Häufigkeitsverteilung* enthält zu jedem Paar (a_j, b_k) von Ausprägungen die Anzahl $h_{jk} = h_n(a_j, b_k)$ der Beobachtungspaare, die mit (a_j, b_k) übereinstimmen.

$a_j \backslash b_k$	b_1	...	b_l	Summe
a_1	h_{11}	...	h_{1l}	$h_{1\cdot}$
$\vdots$	$\vdots$		$\vdots$	
a_m	h_{m1}	...	h_{ml}	$h_{m\cdot}$
Summe	$h_{\cdot 1}$	...	$h_{\cdot l}$	n

- Die *Relative Häufigkeitsverteilung* enthält zu jedem Paar (a_j, b_k) von Ausprägungen den Anteil $r_{jk} = \frac{h_{jk}}{n}$ der Beobachtungspaare, die mit (a_j, b_k) übereinstimmen.

$a_j \backslash b_k$	b_1	...	b_l	Summe
a_1	r_{11}	...	r_{1l}	$r_{1\cdot}$
$\vdots$	$\vdots$		$\vdots$	
a_m	r_{m1}	...	r_{ml}	$r_{m\cdot}$
Summe	$r_{\cdot 1}$	...	$r_{\cdot l}$	1

Beispiel:
Absolute Häufigkeitsverteilung:

Schuh- \ Handschuhgröße	8.5	9	9.5	10	Summe
38	3	1	0	2	6
40	2	3	1	4	10
42	2	2	0	3	7
44	0	2	4	1	7
Summe	7	8	5	10	30

Relative Häufigkeitsverteilung:

Schuh- \ Handschuhgröße	8.5	9	9.5	10	Summe
38	0.10	0.03	0.00	0.07	0.20
40	0.07	0.10	0.03	0.13	0.33
42	0.07	0.07	0.00	0.10	0.23
44	0.00	0.07	0.13	0.03	0.23
Summe	0.23	0.27	0.17	0.33	1

Randverteilungen

Wenn die Ausprägungen $a_1, \dots, a_m$ von Merkmal X als Zeilenbezeichnungen in der ersten Spalte aufgeführt sind, so ist die absolute beziehungsweise relative Häufigkeit der Ausprägung a_j gerade die Zeilensumme der ensprechenden Häufigkeiten der j-ten Zeile. Analoges gilt für die Häufigkeiten der Ausprägungen $b_1, \cdots, b_l$ von Merkmal Y:

$$h_{j\cdot} = \sum_{k=1}^{l} h_{jk} = h_{j1} + \cdots + h_{jl}$$ Absolute Häufigkeit der Ausprägung a_j

$$h_{\cdot k} = \sum_{j=1}^{m} h_{jk} = h_{1k} + \cdots + h_{mk}$$ Absolute Häufigkeit der Ausprägung b_k

$$r_{j\cdot} = \sum_{k=1}^{l} r_{jk} = r_{j1} + \cdots + r_{jl}$$ Relative Häufigkeit der Ausprägung a_j

$$r_{\cdot k} = \sum_{j=1}^{m} r_{jk} = r_{1k} + \cdots + r_{mk}$$ Relative Häufigkeit der Ausprägung b_k

Beispiel:

Schuh- \ Handschuh-größe	8.5	9	9.5	10	Summe
38	3	1	0	2	6
40	2	3	1	4	10
42	2	2	0	3	7
44	0	2	4	1	7
Summe	7	8	5	10	30
		↑			

$h_{\cdot 2}$ = Häufigkeit von Handschuhgröße 9

3.3 Klasseneinteilung

Ist ein Merkmal diskret mit sehr vielen Ausprägungen oder ist es stetig, so fasst man es sinnvollerweise zu Klassen zusammen. Absolute und relative Klassenhäufigkeiten werden in Analogie zu eindimensionalen Verteilungen gebildet.

Beispiel:
Für eine Untersuchung zur Nutzung des öffentlichen Nahverkehrs wurden 1000 Personen nach der mittleren Anzahl der Wochentage befragt, an denen sie im Schnitt pro Woche Busse oder Bahnen benutzen:

Verwendet werden halboffene, nach unten geschlossene Altersklassen.

Diese Daten sind dazu gedacht, auf die ganze Bundesrepublik übertragen zu werden.

Anzahl Wochentage / Alter [Jahre]	0	1	2	3	4	5	6	7
18 – 25 Jahre	20	25	20	25	40	70	30	20
25 – 35 Jahre	20	25	20	20	60	70	20	15
35 – 55 Jahre	70	25	25	35	30	30	20	15
55 – 80 Jahre	50	45	45	40	35	25	5	5

Ermitteln Sie die mittlere Anzahl der Wochentage, an denen diese Personen öffentlichen Nahverkehr benutzen, das mittlere Alter der Personen und die Varianz der Alter.

Anzahl Wochentage / Alter [Jahre]	0	1	2	3	4	5	6	7	Summe
18 – 25	20	25	20	25	40	70	30	20	250
25 – 35	20	25	20	20	60	70	20	15	250
35 – 55	70	25	25	35	30	30	20	15	250
55 – 80	50	45	45	40	35	25	5	5	250
Summe	160	120	110	120	165	195	75	55	1000

Mittelwert der Anzahl der Wochentage:

$$\begin{aligned} \bar{x} &= \frac{120+220+360+660+975+450+385}{1000} \\ &= 3.17 \end{aligned}$$

Altersdurchschnitt:

$$\begin{aligned} \bar{y} &\approx (21.5 + 30 + 45 + 67.5) \cdot \frac{250}{1000} \\ &= 41 \end{aligned}$$

Stichprobenvarianz der Alter:

$$\begin{aligned} s^2 &\approx \left((21.5 - 41)^2 + (30 - 41)^2 + (45 - 41)^2 + (67.5 - 41)^2\right) \cdot \frac{250}{999} \\ &= 305.18 \end{aligned}$$

3.4 Summenhäufigkeiten, empirische Verteilungsfunktion

Die absolute Summenhäufigkeitsfunktion gibt für jedes Wertepaar (x, y) die Anzahl der Daten an, bei denen die Ausprägung des X-Merkmals kleinergleich x und die Ausprägung des Y-Merkmals kleinergleich y ist:

$$H(x,y) = \sum_{\substack{j \text{ mit } a_j \leq x \\ k \text{ mit } b_k \leq y}} h_{jk}$$

Die empirische Verteilungsfunktion gibt für jedes Wertepaar (x, y) den Anteil dieser Daten an:

$$F(x,y) = \sum_{\substack{j \text{ mit } a_j \leq x \\ k \text{ mit } b_k \leq y}} r_{jk}$$

Das entspricht der Summe der Einträge im zugehörigen oberen linken Rechteck der Kontingenztafel.

Beispiel:
Schuh- und Handschuhgröße

Schuh- \ Handschuhgröße	8.5	9	9.5	10	Summe
38	3	1	0	2	6
40	2	3	1	4	10
42	2	2	0	3	7
44	0	2	4	1	7
Summe	7	8	5	10	30

$$F(42,9) = \frac{1}{30} \cdot (3+1+2+3+2+2) = \frac{13}{30}$$

3.5 Bedingte Häufigkeitsverteilungen

Eine bedingte Häufigkeitsverteilung ist eine Verteilung eines Merkmals unter der Bedingung, dass die Ausprägung des anderen Merkmals gleich einem vorgegebenen Wert ist.

Sind die Ausprägungen von Merkmal X in der ersten Spalte und diejenigen von Merkmal Y in der ersten Zeile aufgeführt, so gilt:

Wenn ein fester Wert a_{j_0} für Merkmal X vorgegeben ist, ist die bedingte Verteilung von Merkmal Y unter der Bedingung $X = a_{j_0}$ die eindimensionale Häufigkeitsverteilung der j_0-ten Zeile.
Wenn ein fester Wert b_{k_0} für Merkmal Y vorgegeben ist, ist die bedingte Verteilung von Merkmal X unter der Bedingung $Y = b_{k_0}$ die eindimensionale Häufigkeitsverteilung der k_0-ten Spalte.

Bedingte absolute Häufigkeiten:

	b_1	b_2	...	b_l	Summe
a_1	h_{11}	h_{12}	...	h_{1l}	$h_{1\cdot}$
a_2	h_{21}	h_{22}	...	h_{2l}	$h_{2\cdot}$
$\vdots$					$\vdots$
a_m	h_{m1}	h_{m2}	...	h_{ml}	$h_{m\cdot}$
Summe	$h_{\cdot 1}$	$h_{\cdot 2}$	...	$h_{\cdot l}$	n

Beispiel:
Schuh- und Handschuhgröße:

Schuh- \ Handschuh-größe	8.5	9	9.5	10	Summe
38	3	1	0	2	6
40	2	3	1	4	10
42	2	2	0	3	7
44	0	2	4	1	7
Summe	7	8	5	10	30

↑ Bedingte Verteilung unter der Bedingung $Y = 9.5$

Bedingte relative Häufigkeiten:

Bedingte Häufigkeiten beziehen sich nur auf eine Zeile beziehungsweise Spalte der Kontingenztafel. Daher werden bedingte *relative* Häufigkeiten auf die Summenhäufigkeit dieser Zeile beziehungsweise Spalte bezogen: Der Nenner ist die Gesamtzahl $h_{j_0\cdot}$ (bei festgehaltenem X-Wert a_{j_0}) beziehungsweise $h_{\cdot k_0}$ (bei festgehaltenem Y-Wert b_{k_0}) der Messungen dieser Zeile beziehungsweise Spalte.

Für einen vorgegebenen Merkmalswert $X = a_{j_0}$ ist also die bedingte relative Häufigkeit der Ausprägung b_k

$$r(b_k|a_{j_0}) = \frac{h_{j_0k}}{h_{j_0\cdot}} \quad = \frac{h_{j_0k}/n}{h_{j_0\cdot}/n} = \frac{r_{j_0k}}{r_{j_0\cdot}}$$

Für einen vorgegebenen Merkmalswert $Y = b_{k_0}$ ist die bedingte relative Häufigkeit der Ausprägung a_j

$$r(a_j|b_{k_0}) = \frac{h_{jk_0}}{h_{\cdot k_0}} = \frac{h_{jk_0}/n}{h_{\cdot k_0}/n} = \frac{r_{jk_0}}{r_{\cdot k_0}}$$

Bedingte Lage- und Streuungsparameter berechnet man als Parameter der eindimensionalen bedingten Verteilungen, ermittelt aus der jeweiligen Zeile beziehungsweise Spalte und bezogen auf die Randhäufigkeit dieser Zeile beziehungsweise Spalte.

Beispiel:
Schuh- und Handschuhgrößen:

Schuh- \ Handschuh-größe	8.5	9	9.5	10	Summe
38	3	1	0	2	6
40	2	3	1	4	10
42	2	2	0	3	7
44	0	2	4	1	7
Summe	7	8	5	10	30

Der Anteil der Personen mit Handschuhgröße 8.5 an den Schuhgröße-40-Trägern ist

$$r(8.5|40) = \frac{h_{21}}{h_{2\cdot}} = \frac{2}{10} = 0.2.$$

Die mittlere Schuhgröße unter den Personen mit Handschuhgröße 8.5 ist

$$\bar{x}|8.5 = 38 \cdot \frac{3}{7} + 40 \cdot \frac{2}{7} + 42 \cdot \frac{2}{7} + 44 \cdot 0 = 39.71.$$

3.6 Korrelationsrechnung

Die Korrelationsrechnung ermöglicht, den Zusammenhang zweier metrisch skalierter Merkmale zu messen; dabei werden beide Merkmale vollkommen gleich behandelt.
Durch die Kovarianz kann man zunächst feststellen, ob ein solcher Zusammenhang feststellbar ist. Der Korrelationskoeffizient misst dann seine Stärke.

3.6.1 Kovarianz

Voraussetzung zur Berechnung der Kovarianz sind zwei metrisch skalierte Merkmale.

I. **Kovarianz aus Urdaten**

Gegeben sei eine zweidimensionale Beobachtungsreihe
$((x_1, y_1), \dots, (x_n, y_n))$.
Bisher wurden für jedes der beiden Merkmale bestimmte Parameter aus den Daten ermittelt: Der Mittelwert einer eindimensionalen Datenreihe ist der Quotient aus der Summe und der Anzahl der Beobachtungswerte; die Varianz ist die Summe der Quadrate der Abweichungen der Beobachtungswerte vom Mittelwert, bei einem vollständigen Datensatz geteilt durch die Anzahl der Daten oder, bei einer Stichprobe, durch diese Anzahl minus 1. Die Kovarianz überträgt den Ansatz der Varianz auf die gemeinsame Streuung beider Merkmale:

- *Kovarianz* eines vollständigen Datensatzes = mittlere gemeinsame Abweichung der Daten von den Mittelwerten:

$$\begin{aligned} \hat{s}_{xy} &= \frac{1}{n}\sum_{i=1}^{n}(x_i - \bar{x}) \cdot (y_i - \bar{y}) \\ &= \frac{1}{n} \cdot \left[\sum_{i=1}^{n} x_i \cdot y_i\right] - \bar{x} \cdot \bar{y} \end{aligned}$$

- *Kovarianz* einer Stichprobe:

$$\begin{aligned} s_{xy} &= \frac{1}{n-1}\sum_{i=1}^{n}(x_i - \bar{x}) \cdot (y_i - \bar{y}) \\ &= \frac{1}{n-1}\left(\sum_{i=1}^{n} x_i \cdot y_i - n \cdot \bar{x} \cdot \bar{y}\right) \end{aligned}$$

Zwei Merkmale heißen *unkorreliert*, wenn die Kovarianz gleich null ist.

Beispiel:
Monatliches Einkommen und monatliche Ausgaben

Jahr	Einkommen x	Ausgaben y
1975	1000	1000
1976	1045	1017
1977	1045	1030
1978	1109	1041
1979	1150	1078
1980	1211	1121
1981	1287	1195
1982	1356	1262
1983	1400	1299
1984	1433	1338
1985	1464	1384
1986	1461	1394

Bestimmen Sie die Kovarianz.
Lösung:

$$\begin{aligned}
\bar{x} &= 1246.75\\
\bar{y} &= 1179.92\\
\hat{s}_x^2 &= 28061.36\\
\hat{s}_y^2 &= 20680.08\\
\hat{s}_{xy} &= \frac{1}{12}\cdot((1000-1246.75)\cdot(1000-1179.92)+\cdots+\\
&\quad (1461-1246.75)\cdot(1394-1179.92))\\
&= 23840.23
\end{aligned}$$

Bemerkung:
Wenn dieser Datensatz für Rückschlüsse auf eine größere Grundgesamtheit genutzt werden soll, berechnet man die Stichproben-Kovarianz als

$$\begin{aligned}
s_{xy} &= \frac{n}{n-1}\cdot\hat{s}_{xy}\\
&= \frac{12}{11}\cdot 23840.23\\
&= 26007.52
\end{aligned}$$

Beispiel:
Abbau der Adrenalinkonzentration in der Leber:

Zeit [min]	Adrenalin [mg/l]
6	30.2
18	9.8
30	4.7
42	1.8
54	0.8

Hier steht x für die Zeit, y steht für die Adrenalinkonzentration.

$$\begin{aligned}
\bar{x} &= \frac{6+18+30+42+54}{5} = 30\\
\bar{y} &= \frac{30.2+9.8+4.7+1.8+0.8}{5} = 9.46\\
\hat{s}_{xy} &= \frac{1}{n}\cdot\sum_{i=1}^{n}(\text{Zeit}_\text{i}-30)\cdot(\text{Adrenalinkonzentration}_\text{i}-9.46)\\
&= \frac{1}{5}\cdot(-24\cdot 20.74-12\cdot 0.34-0-12\cdot 7.66-24\cdot 8.66)\\
&= -160.32
\end{aligned}$$

Alternative Rechnung:
Angenommen, folgende Zahlen wurden schon berechnet:

$$\sum_{i=1}^{5} x_i = 150$$
$$\sum_{i=1}^{5} y_i = 47.3$$
$$\sum_{i=1}^{5} x_i^2 = 5940.0$$
$$\sum_{i=1}^{5} y_i^2 = 1034.05$$
$$\sum_{i=1}^{5} x_i \cdot y_i = 617.4$$

Dann kann die Kovarianz mit wenig Aufwand ermittelt werden:

$$\begin{aligned}\hat{s}_{xy} &= \frac{1}{n}\left[\sum_{i=1}^{n} x_i \cdot y_i - n \cdot \bar{x} \cdot \bar{y}\right] \\ &= \frac{1}{5}617.4 - \frac{150}{5} \cdot \frac{47.3}{5} &= -160.32\end{aligned}$$

II. **Kovarianz aus Häufigkeitsdaten**

Gegeben sei eine Kontingenztafel.

Die Kovarianz wird ermittelt, indem man für jede Zeile und jede Spalte die Abweichung der Ausprägung des zur Zeile gehörigen X-Merkmals und die Abweichung der Ausprägung des zur Spalte gehörigen Y-Merkmals mit der Häufigkeit multipliziert, mit der dieses Wertepaar im Datensatz auftritt; geteilt wird die entstehende Summe je nach Verwendungszweck der Daten durch die Anzahl der Messwerte oder durch diese Anzahl minus 1.

- *Kovarianz* eines vollständigen Datensatzes:

$$\hat{s}_{xy} = \frac{1}{n} \cdot \sum_{j=1}^{m} \sum_{k=1}^{l} h_{jk} \cdot (a_j - \bar{x}) \cdot (b_k - \bar{y})$$

- *Kovarianz* einer Stichprobe:

$$s_{xy} = \frac{1}{n-1} \cdot \sum_{j=1}^{m} \sum_{k=1}^{l} h_{jk} \cdot (a_j - \bar{x}) \cdot (b_k - \bar{y})$$

Beispiel:
Schuh- und Handschuhgröße:

Schuh-\Handschuhgr.	8.5	9	9.5	10	Summe
38	3	1	0	2	6
40	2	3	1	4	10
42	2	2	0	3	7
44	0	2	4	1	7
Summe	7	8	5	10	30

$$
\begin{aligned}
\bar{x} &= 41 \\
\bar{y} &= 9.3 \\
s_x^2 &= 4.621 \\
s_y^2 &= 0.355 \\
s_{xy} &= \frac{1}{29} \cdot (3 \cdot (38-41) \cdot (8.5-9.3) + \dots + 1 \cdot (44-41) \cdot (10-9.3)) \\
&= 0.2069
\end{aligned}
$$

Beispiel:
Monatseinkommen und Konsumausgaben von fünfzehn Haushalten:

	Einkommen				
Konsumausgaben	1000	1500	2000	2500	Summe
1000	3	2	0	0	5
1500	0	3	2	0	5
2000	0	0	2	3	5
Summe	3	5	4	3	15

$$
\begin{aligned}
\bar{x} &= \frac{1}{n} \cdot \sum_{j=1}^{m} h_{j\cdot} \cdot a_j \\
&= \frac{1}{15} \cdot (5 \cdot 1000 + 5 \cdot 1500 + 5 \cdot 2000) \\
&= 1500
\end{aligned}
$$

$$
\begin{aligned}
\bar{y} &= \frac{1}{n} \cdot \sum_{k=1}^{l} h_{\cdot k} \cdot b_k \\
&= 1733.\bar{3}
\end{aligned}
$$

$$
\begin{aligned}
s_x^2 &= \frac{1}{n-1} \cdot \sum_{j=1}^{m} h_{j\cdot} \cdot (a_j - \bar{x})^2 \\
&= 178571.43
\end{aligned}
$$

$$
\begin{aligned}
s_y^2 &= \frac{1}{n-1} \cdot \sum_{k=1}^{l} h_{\cdot k} \cdot (b_k - \bar{y})^2 \\
&= 280952.38
\end{aligned}
$$

$$
\begin{aligned}
s_{xy} &= \frac{1}{n-1} \cdot \sum_{j=1}^{m} \sum_{k=1}^{l} h_{jk} \cdot (a_j - \bar{x}) \cdot (b_k - \bar{y}) \\
&= \frac{1}{14} \cdot (3 \cdot (1000-1500)(1000-1733.\bar{3}) + \dots + \\
&\quad 3 \cdot (2000-1500)(2500-1733.\bar{3}) \\
&= 196428.57
\end{aligned}
$$

3.6.2 Korrelationskoeffizient

Voraussetzung zur Berechnung des Korrelationskoeffizienten sind zwei metrisch skalierte Merkmale.

- Der *Korrelationskoeffizient* (nach Bravais-Pearson) einer Messreihe ist definiert als Quotient aus der Kovarianz und dem Produkt der Standardabweichungen:

$$r_{xy} = \frac{s_{xy}}{s_x \cdot s_y} = \frac{\hat{s}_{xy}}{\hat{s}_x \cdot \hat{s}_y} = \frac{\sum_{i=1}^{n}(x_i-\bar{x})\cdot(y_i-\bar{y})}{\sqrt{\left(\sum_{i=1}^{n}(x_i-\bar{x})^2\right)\cdot\left(\sum_{i=1}^{n}(y_i-\bar{y})^2\right)}} \quad \text{aus der Urdatenreihe}$$

$$= \frac{\sum_{i=1}^{n} x_i \cdot y_i - n \cdot \bar{x} \cdot \bar{y}}{\sqrt{\sum_{i=1}^{n} x_i^2 - n \cdot \bar{x}^2} \cdot \sqrt{\sum_{i=1}^{n} y_i^2 - n \cdot \bar{y}^2}}$$

$$= \frac{\sum_{j=1}^{m}\sum_{k=1}^{l} h_{jk}\cdot(a_j-\bar{x})\cdot(b_k-\bar{y})}{\sqrt{\left(\sum_{j=1}^{m} h_{j\cdot}\cdot(a_{j\cdot}-\bar{x})^2\right)\cdot\left(\sum_{k=1}^{l} h_{\cdot k}\cdot(b_{\cdot k}-\bar{y})^2\right)}} \quad \text{aus Häufigkeitsdaten}$$

$$= \frac{\sum_{j=1}^{m}\sum_{k=1}^{l} h_{jk}\cdot a_j \cdot b_k - n \cdot \bar{x} \cdot \bar{y}}{\sqrt{\sum_{j=1}^{m} h_{j\cdot}\cdot a_j^2 - n \cdot \bar{x}^2} \cdot \sqrt{\sum_{k=1}^{l} h_{\cdot k}\cdot b_k^2 - n \cdot \bar{y})^2}}$$

Er ist berechenbar, wenn beide Standardabweichungen ungleich 0 sind; ist eine Standardabweichung gleich 0, so sind alle Messwerte dieses Merkmals gleich.

Der Korrelationskoeffizient ist eine normierte Größe. Er kann Werte zwischen −1 und +1 annehmen.

An Beispielen:

Einkommen/Ausgaben: $r_{xy} = \frac{23840.23}{\sqrt{28061.36 \cdot 20680.08}} = 0.99$
(vgl. Kap. 3.6.1, S. 88)

Adrenalinabbau: $r_{xy} = \frac{-200.4}{18.97 \cdot 12.10} = -0.87$
(vgl. Kap. 3.6.1, S. 89)

Schuh-/Handschuhgröße: $r_{xy} = \frac{0.2}{\sqrt{4.47 \cdot 0.34}} = 0.16$
(vgl. Kap. 3.2, S. 82)

Einkommen/Konsum: $r_{xy} = \frac{183333.\bar{3}}{\sqrt{166666.\bar{6} \cdot 262222.\bar{2}}} = 0.88$
(vgl. Kap. 3.6.1, S. 91)

Wertepaare heißen positiv korreliert, wenn der Korrelationskoeffizient positiv ist und negativ korreliert, wenn er negativ ist. Ist er gleich null, so heißen sie unkorreliert. Liegt der Korrelationskoeffizient in der Nähe von null, so werden die Wertepaare schwach korreliert genannt.

Ist der Korrelationskoeffizient gleich +1, so gilt für jedes Wertepaar (x_i, y_i):
x_i liegt über dem x-Mittelwert genau, wenn y_i über dem y-Mittelwert $\bar{y}$ liegt, und das Verhältnis ist dabei immer gleich. Die Punkte liegen dann auf einer steigenden Geraden.

Ist der Korrelationskoeffizient ungefähr eins, so verläuft die Punktwolke tendenziell von links unten nach rechts oben.

Ist der Korrelationskoeffizient gleich −1, so gilt für jedes Wertepaar (x_i, y_i):
x_i liegt über dem x-Mittelwert genau, wenn y_i unter dem y-Mittelwert $\bar{y}$ liegt, und das Verhältnis ist dabei immer gleich. Die Punkte liegen dann auf einer fallenden Geraden.

Ist der Korrelationskoeffizient ungefähr minus eins, so verläuft die Punktwolke tendenziell von links oben nach rechts unten.

Beispiele:

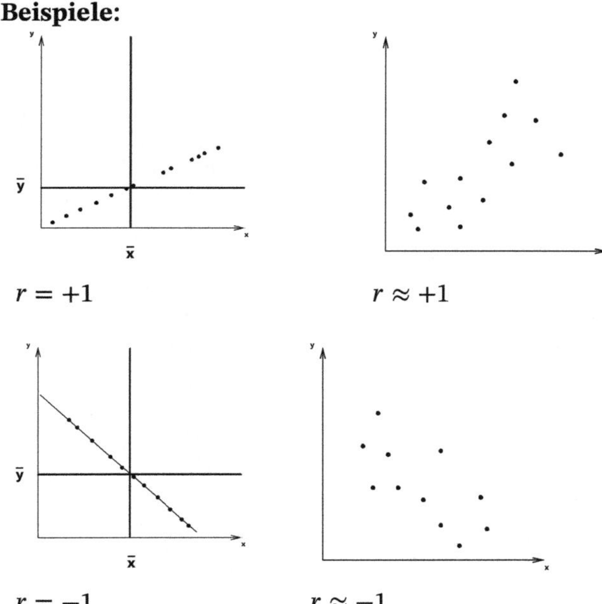

$r = +1$ $r \approx +1$

$r = -1$ $r \approx -1$

Ist der Korrelationskoeffizient gleich null, so gleichen die positiven und negativen Produkte $(x_i - \bar{x}) \cdot (y_i - \bar{y})$ einander aus. Auch wenn er ungefähr null ist, ist in der Punktwolke keine einheitliche Tendenz erkennbar.

Beispiel:

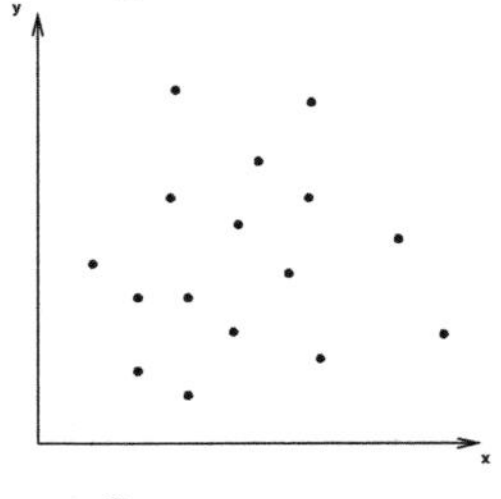

$r \approx 0$

Bemerkung:

(a) Sind Merkmale »unabhängig«, das heißt, das Eintreten des einen Merkmals beeinflusst das des anderen nicht, so ist der Korrelationskoeffizient nahe null: $r \approx 0$.
Das Umgekehrte gilt nicht.

(b) Daten liegen auf einer Geraden genau, wenn $|r| = 1$.

(c) r ist ein Maß für den *linearen* Zusammenhang der Merkmale: Je größer $|r|$ ist, desto näher liegen die Punkte an einer Geraden.
(d) Falls es einen nicht-linearen Zusammenhang gibt (z. B. quadratisch, exponentiell), spiegelt sich dieser nicht gut im Korrelationskoeffizienten wider.

3.6.3 Rangkorrelation (Spearman)

Voraussetzung zur Berechnung des Rangkorrelationskoeffizienten sind zwei ordinal skalierte Merkmale.

Sind die Merkmale nicht metrisch skaliert, so kann kein Korrelationskoeffizient berechnet werden. Um trotzdem ein Maß für den Zusammenhang der beiden Merkmale berechnen zu können, werden die Messwerte aufsteigend angeordnet; es wird der Korrelationskoeffizient der Rangordnungen, genannt Rangkorrelationskoeffizient, bestimmt:

1. In jedem Wertepaar wird jedem Wert sein Rang in der zugehörigen geordneten Messreihe zugeordnet.
   Ränge identischer Messwerte werden gemittelt.
2. Der Korrelationskoeffizient der zweidimensionalen Verteilung dieser Ränge wird berechnet.

Bemerkung:
Dieses Maß spiegelt auch nicht-lineare Zusammenhänge wider.

Beispiel:
Test von fünf Rotweinsorten:

Wein:	A	B	C	D	E
Färbung x_i:	1	2	2	3	4
Rang:	1	2	3	4	5
gemittelter Rang $R(x_i)$:	*1*	*2.5*	*2.5*	*4*	*5*
Geschmack y_i:	2	3	1	2	3
Rang:	2	4	1	3	5
gemittelter Rang $R(y_i)$:	*2.5*	*4.5*	*1*	*2.5*	*4.5*

$\overline{R(x)} = 3.0$
$\overline{R(y)} = 3.0$
$\hat{s}^2_{R(x)} = 1.9$
$\hat{s}^2_{R(y)} = 1.8$
$\hat{s}_{R(x)R(y)} = 0.75$
$r_S = 0.41$ Rangkorrelationskoeffizient

Der Rangkorrelationskoeffizient ist auch über eine direkte Formel berechenbar:

$$r_S = \frac{\sum_{i=1}^{n} R(x_i) \cdot R(y_i) - \frac{n}{4} \cdot (n+1)^2}{\sqrt{\left(\sum_{i=1}^{n} R^2(x_i) - \frac{n}{4} \cdot (n+1)^2\right) \cdot \left(\sum_{i=1}^{n} R^2(y_i) - \frac{n}{4} \cdot (n+1)^2\right)}}$$

3.6.4 Zusammenhangsmaß bei nur nominalen Merkmalen

Bei nur nominalen Merkmalen, bei denen weder ein Korrelationskoeffizient noch eine Rangkorrelation bestimmt werden kann, lohnt es zu fragen, ob die beiden Merkmale unabhängig voneinander sind, d. h. ob es einen Zusammenhang zwischen ihnen gibt oder nicht.

Beispiel:
An $h_{1.} = 100$ Patienten wurde Medikament_1 getestet, bei $h_{11} = 60$ Patienten schlug es an.
An $h_{2.} = 100$ Patienten wurde Medikament_2 getestet, bei $h_{21} = 70$ Patienten schlug es an.

Gibt es einen Zusammenhang zwischen Wirksamkeit und Medikament? Ist also genau eins der beiden Medikamente wirksam?
Wenn die Merkmale unabhängig voneinander sind, sollte der Anteil der Wertepaare, bei denen eins der Merkmale eine bestimmte Ausprägung besitzt, unabhängig davon sein, ob für das andere Merkmal eine Bedingung gilt: Jede Zeilensumme $r_{j.}$ von Anteilen sollte in etwa mit den entsprechenden bedingten relativen Häufigkeiten $r(a_j|b_k)$ übereinstimmen, jede Spaltensumme $r_{.k}$ sollte ungefähr gleich groß sein wie die entsprechenden bedingten relativen Häufigkeiten $r(b_k|a_j)$:

$$r(a_j|b_k) = \frac{r_{jk}}{r_{.k}} \approx r_{j.} \quad \text{im Fall von Unabhängigkeit}$$

$$r(b_k|a_j) = \frac{r_{jk}}{r_{j.}} \approx r_{.k} \quad \text{im Fall von Unabhängigkeit}$$

Multipliziert man die Nenner hoch, so sieht man, dass das der Fall ist, wenn

$$r_{jk} \approx r_{j.} \cdot r_{.k} \quad \text{gilt.}$$

Wenn die Merkmale unabhängig sind, sollte also für jedes Paar von Ausprägungen (a_j, b_k) die relative Häufigkeit, mit der dieses Paar beobachtet wurde, mit dem Produkt der entsprechenden relativen Randhäufigkeiten übereinstimmen:

$$r_{jk} \approx r_{j.} \cdot r_{.k} \quad \text{im Fall von Unabhängigkeit}$$

Ausgedrückt mit absoluten Häufigkeiten, heißt das:

$$\frac{h_{jk}}{n} \approx \frac{h_{j\cdot}}{n} \cdot \frac{h_{.k}}{n} \quad \text{oder}$$

$$h_{jk} \approx \frac{h_{j\cdot} \cdot h_{.k}}{n}$$

Ein Maß für die Unabhängigkeit der beiden Merkmale ist daher der sogenannte χ^2-*Koeffizient*

$$\chi^2 = \sum_{j=1}^{m} \sum_{k=1}^{l} \frac{\left(h_{jk} - \frac{h_{j\cdot} \cdot h_{\cdot k}}{n}\right)^2}{\frac{h_{j\cdot} \cdot h_{\cdot k}}{n}}$$

Hierbei wird über die m Merkmalsausprägungen des ersten und die l Merkmalsausprägungen des zweiten Merkmals summiert.

Dieses Maß sollte im Fall von Unabhängigkeit aufgrund der kleinen Zähler klein sein.

Die Zähler werden quadriert und durch die Nenner geteilt, um eine Größe zu erhalten, aus der man im Rahmen der induktiven Statistik Rückschlüsse auf größere Grundgesamtheiten ziehen kann: Der χ^2-Koeffizient wird in der induktiven Statistik beim Test, ob zwei Merkmale unabhängig sind, eingesetzt.

Wie bei der Kovarianz lässt sich allerdings allein mit Mitteln der deskriptiven Statistik nicht angeben, wie groß χ^2 sein muss, damit ein Zusammenhang der Größen angenommen werden kann. Daher bildet man auch hier eine Größe, deren Zahlenwert direkt interpretiert werden kann:

Normierung:

$$K^* = \frac{\sqrt{\frac{\chi^2}{n+\chi^2}}}{\sqrt{\frac{M-1}{M}}} \quad \text{mit } M = \min(m, l)$$

heißt *korrigierter Kontingenzkoeffizient* und kann Werte zwischen 0 und 1 annehmen.

Bemerkung:
Im Fall einer quadratischen Kontingenztafel ($m = l$) gilt: $K^* = 1$ genau, wenn in jeder Zeile und Spalte der Kontingenztafel genau eine Zelle besetzt ist; das entspricht dem stärkstmöglichen Zusammenhang: Bei Auswahl einer Zeile steht fest, welche Spalte besetzt ist.

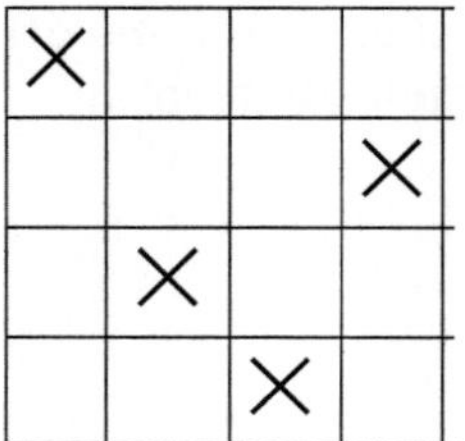

Fall von Merkmalen mit zwei Ausprägungen

Im Fall einer Vierfeldertafel vereinfacht sich der χ^2-Koeffizient zu

$$\chi^2 = \frac{n \cdot (h_{11} \cdot h_{22} - h_{12} \cdot h_{21})^2}{h_{1.} \cdot h_{2.} \cdot h_{.1} \cdot h_{.2}}$$

Am Beispiel:
Kontingenztafel:

	wirksam	nicht wirksam	Zeilensumme
Medikament_1	60	40	100
Medikament_2	70	30	100
Spaltensumme	130	70	200

$$\chi^2 = \frac{200 \cdot (60 \cdot 30 - 40 \cdot 70)^2}{100 \cdot 100 \cdot 130 \cdot 70} = 2.1978$$

$$K^* = \frac{\sqrt{\frac{2.1978}{200+2.1978}}}{\sqrt{\frac{1}{2}}} = 0.1474$$

Der Zusammenhang zwischen Wirksamkeit und Medikament ist nicht groß.

3.7 Regressionsrechnung

Bei der Regressionsrechnung wird unterstellt, dass das eine Merkmal, X, Regressor genannt, unabhängig ist, während das andere, der Regressand Y, von X abhängt.

Beispiele:
Körpergröße – Körpergewicht
Zeit – Adrenalinkonzentration

Gesucht ist eine funktionale Abhängigkeit $\hat{y} = f(x)$. Da die Beobachtungswerte aus einem *Zufalls*experiment resultieren, sucht man nicht eine Funktion, auf deren Graph alle Wertepaare liegen. Gesucht ist statt dessen eine *einfache* Funktion, die man sinnvoll interpretieren kann und welche die »Hauptrichtung« der Punktwolke wiedergibt.

Beispiel:

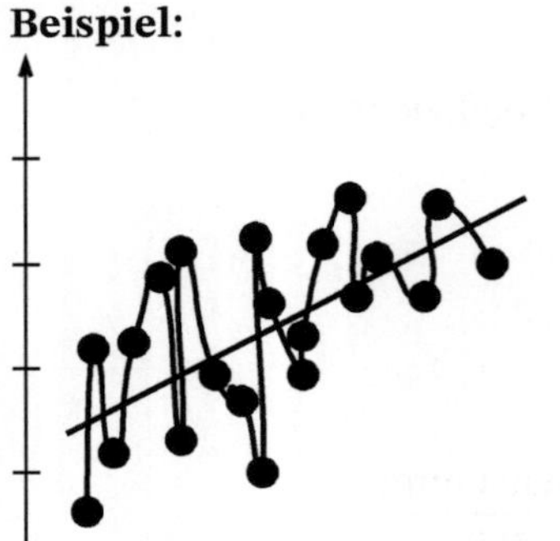

Man legt also zunächst eine Klasse möglichst einfacher Funktionen (Gerade, Parabel, Exponentialfunktion) fest, die gut zu den Daten passen könnte. Als Entscheidungsgrundlagen kann man Vorwissen, das Streudiagramm oder einen Test eines vermuteten Zusammenhangs nutzen.

Anschließend bestimmt man aus den Daten die Parameter einer solchen Funktion so, dass sie unter dieser Art von Funktionen bestmöglich zu den Daten passt.

Geeignete einfache Funktionstypen sind häufig:

Lineare Funktionen: $f(x) = a + b \cdot x$

Quadratische Funktionen: $f(x) = a + b \cdot x + c \cdot x^2$

Exponentialfunktionen: $f(x) = 10^{a+b \cdot x}$

$f(x) = e^{a+b \cdot x}$

Aus den Daten sollen die Zahlen a, b, c ermittelt werden.

3.7.1 Regressionsgerade von y auf x

Unter der Annahme, dass eine Gerade $\hat{y} = f(x) = a + b \cdot x$ die Daten gut annähern kann, sind der Achsenabschnitt a auf der y-Achse und die Steigung b, auch Regressionskoeffizient genannt, zu bestimmen.
Angestrebt ist dabei, dass die Funktionswerte $\hat{y}_i = a + b \cdot x_i$ im Mittel möglichst nahe an den Messwerten y_i liegen. Genauer werden die Parameter a und b so bestimmt, dass die Summe der vertikalen Abstandsquadrate der Messpunkte von der Geraden $\sum_{i=1}^{n} (y_i - \hat{y}_i)^2$ so klein wie möglich ist (Methode der »kleinsten Quadrate«).

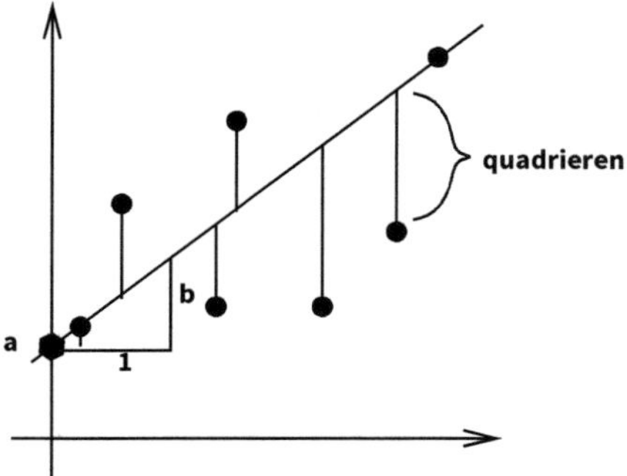

Beispiel:
Monatliches Einkommen und monatliche Ausgaben
(vgl. Kap. 3.6.1, S. 88)

Jahr	Einkommen	Ausgaben
1975	1000	1000
1976	1045	1017
1977	1045	1030
1978	1109	1041
1979	1150	1078
1980	1211	1121
1981	1287	1195
1982	1356	1262
1983	1400	1299
1984	1433	1338
1985	1464	1384
1986	1461	1394

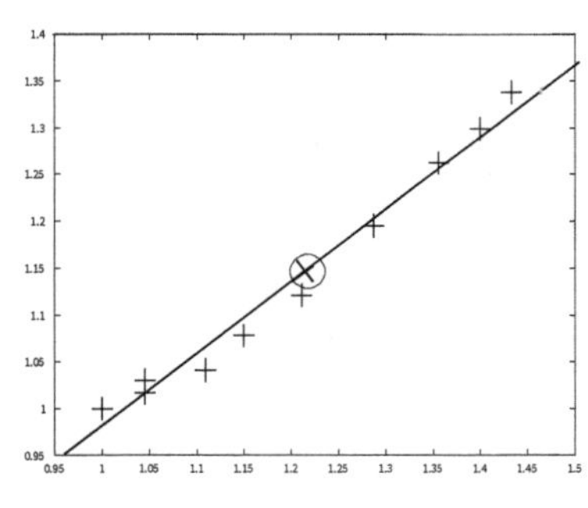

Zur Erläuterung:

Gegeben sind Datenpunkte $(x_i, y_i)_{i=1,\ldots,n}$ und die Gestalt $f(x) = a + b \cdot x$ der gewünschten Funktion.

Gesucht sind reelle Zahlen a, b, sodass der Wert der Funktion $Q(a, b) = \sum_{i=1}^{n}(y_i - (a + b \cdot x_i))^2$ so klein wie möglich ist.

Um die eigentlich gewünschte Funktion f, die von x abhängt, zu finden, wird eine andere Funktion Q mit Variablen a, b untersucht!

Für die Funktion $Q(a, b)$ als Funktion in zwei Variablen wird also ein Minimum gesucht. Man sucht daher Punkte, an denen jede Steigung verschwindet.

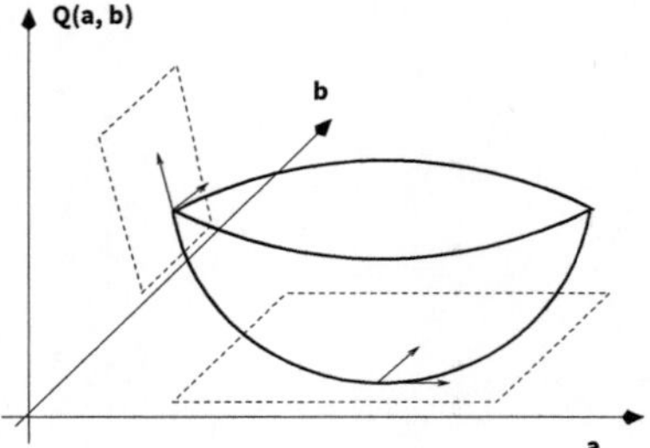

Gesucht sind also Zahlen a, b, sodass dort für die Steigungen gilt:
Steigung von Q in Richtung $a = 0$,
Steigung von Q in Richtung $b = 0$

Lösung dieses Minimierungsproblems mittels Analysis ergibt:

$$b = \frac{\text{Kovarianz}}{\text{Varianz von x}} = \frac{\hat{s}_{xy}}{\hat{s}_x^2} = r_{xy} \cdot \frac{\hat{s}_y}{\hat{s}_x}$$

$$a = \bar{y} - b \cdot \bar{x}$$

Die *Regressionsgerade von y auf x* ist damit $\hat{y} \;= f(x) \;= a + b \cdot x$.

An Beispielen:
Monatliches Einkommen und monatliche Ausgaben [Tsd. Euro]:
(vgl. Kap. 3.6.1, S. 88, und Kap. 3.6.2, S. 92)

$r_{xy} = 0.99$

$\hat{s}_{xy} = 23840.23$

$\hat{s}_x^2 = 28061.36$

$\bar{x} = 1246.75$

$\bar{y} = 1179.92$

$$b = \frac{s_{xy}}{s_x^2} = \frac{23840.23}{28061.36} = 0.85$$

$$a = \bar{y} - b \cdot \bar{x} = 1179.92 - 0.85 \cdot 1246.75 = 120.1825$$

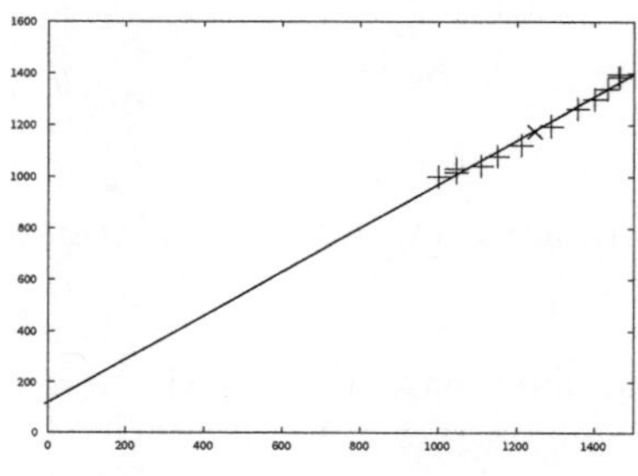

$f(x) = 0.12 + 0.85 \cdot x$

Adrenalinabbau:
(vgl. Kap. 3.6.1, S. 89, und Kap. 3.6.2, S. 92)

$$
\begin{aligned}
r_{xy} &= -0.87 \\
s_{xy} &= -200.4 \\
s_x^2 &= 18.97^2 \\
\bar{x} &= 30.0 \\
\bar{y} &= 9.46 \\
b &= \frac{s_{xy}}{s_x^2} = \frac{-200.4}{360.0} = -0.557 \\
a &= \bar{y} - b \cdot \bar{x} = 9.46 + 0.557 \cdot 30 = 26.17
\end{aligned}
$$

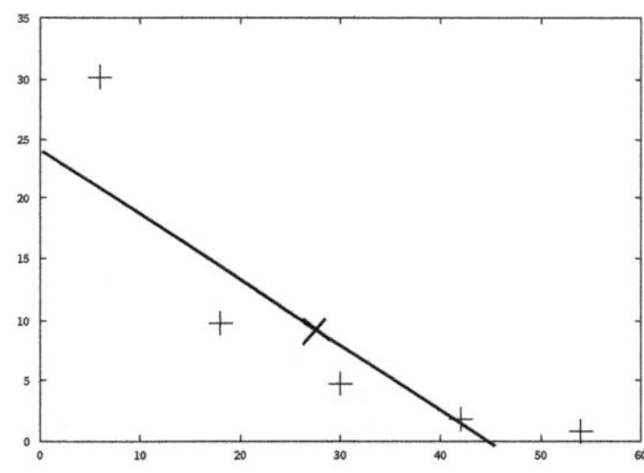

$f(x) = 26.17 - 0.557 \cdot x$

Schuh-/Handschuhgröße:
(vgl. Kap. 3.6.1, S. 82, und Kap. 3.6.2, S. 92)

$$
\begin{aligned}
r_{xy} &= 0.16 \\
s_{xy} &= 0.2 \qquad s_x^2 = 4.47 \\
\bar{x} &= 41.0 \\
\bar{y} &= 9.3 \\
b &= \frac{s_{xy}}{s_x^2} = \frac{0.2}{4.47} = 0.045 \\
a &= \bar{y} - b \cdot \bar{x} = 9.3 - 0.045 \cdot 41 = 7.46s
\end{aligned}
$$

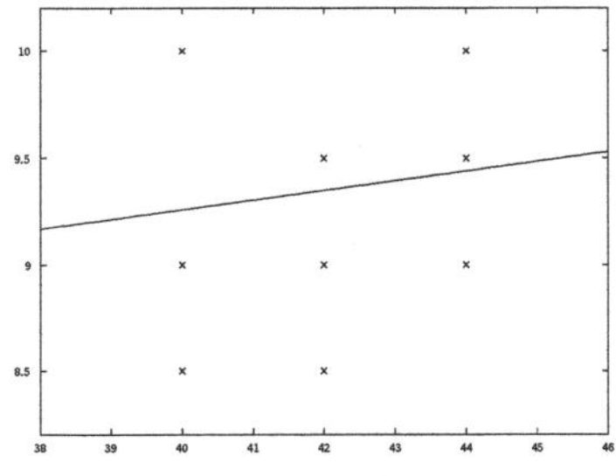

$f(x) = 7.46 + 0.045 \cdot x$

Einkommen x/Konsum y:
(vgl. Kap. 3.6.1, S. 91, und Kap. 3.6.2, S. 92)

$$r_{xy} = 0.88$$
$$s_{xy} = 183333.\bar{3}$$
$$s_x^2 = 262222.\bar{2}$$
$$\bar{x} = 1733.\bar{3}$$
$$\bar{y} = 1500$$
$$b = \frac{s_{xy}}{s_x^2} = \frac{183333.\bar{3}}{262222.\bar{2}} = 0.7$$
$$a = \bar{y} - b \cdot \bar{x} = 1500 - 0.7 \cdot 1733.\bar{3} \quad = 288.14$$

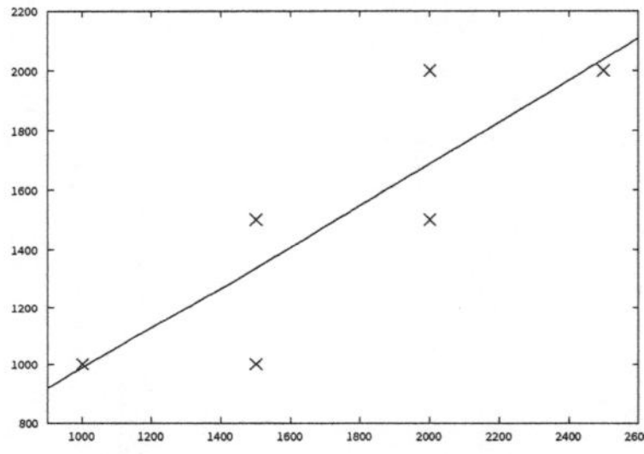

$f(x) = 288.14 + 0.7 \cdot x$

Bemerkung:
Die Regressionsgerade verläuft durch den Punkt $(\bar{x}, \bar{y})$ der Mittelwerte.
Wenn die Daten nicht nahe der y-Achse liegen, ist es zum Zeichnen der Regressionsgeraden häufig günstig, von dem Punkt auszugehen, der die Mittelwerte als Koordinaten hat und von dort aus die Steigung der Geraden aufzutragen.
Die Werte $\hat{y}_i = f(x_i)$ besitzen denselben Mittelwert wie die ursprünglichen Daten y_i.

Zu einem beliebigen x-Wert im Bereich der gemessenen Daten, der kein Datenpunkt ist, wird $f(x)$ als *Schätzwert* für die Ausprägung des Y-Merkmals benutzt. Ebenso wird die Regressionsgerade für *Prognosen* genutzt.

Am Beispiel:
Einkommen/Konsum:
Der geschätzte Konsum bei einem Einkommen von 3000 Euro beläuft sich auf
$288.14 + 0.7 \cdot 3000 \quad = 2388.14$

3.7.2 Bestimmtheitsmaß

Ein Maß für die Güte der Anpassung der Regressionsgeraden an die Daten ist das *Bestimmtheitsmaß*:
Das Bestimmheitsmaß ist definiert als das Verhältnis aus der Varianz der durch die Regressionsgerade geschätzten $f(x)$-Werte und der Varianz der Original-y-Werte. Es gibt also den Anteil der Varianz der Y-Daten wieder, der über den linearen Zusammenhang der beiden Größen auf die Daten des Merkmals X zurückzuführen ist. Dieses Verhältnis stimmt mit dem Quadrat des Korrelationskoeffizienten überein:

$$B = \frac{\sum_{i=1}^{n}(\hat{y}_i - \bar{\hat{y}})^2}{\sum_{i=1}^{n}(y_i - \bar{y})^2} = r_{xy}^2$$

Das Bestimmtheitsmaß liegt zwischen null und eins: $0 \leq B \leq 1$.
Das Bestimmtheitsmaß ist gleich eins, wenn alle Beobachtungswerte auf einer Geraden liegen.

Bemerkung:
Die Differenzen $y_i - \hat{y}_i$ nennt man *Residuen*.
Sie geben wieder, wie nah die Schätzungen auf der Regressionsgeraden an den ursprünglichen y-Werten liegen.

Man kann zeigen, dass der Nenner des Bestimmtheitsmaßes sich zerlegen lässt:

$\sum_{i=1}^{n}(y_i - \bar{y})^2$	$=$	$\sum_{i=1}^{n}(\hat{y}_i - \bar{\hat{y}})^2$	$+$	$\sum_{i=1}^{n}(y_i - \hat{y}_i)^2$
Quadrate	$=$	Quadrate	$+$	Quadrate
der Abstände		der Abstände		der Residuen
$y_i - \bar{y}$		$\hat{y}_i - \bar{\hat{y}}$		$y_i - \hat{y}_i$
der y-Werte		der Schätzwerte		
zu ihrem		zu ihrem		
Mittelwert		Mittelwert		

An Beispielen:
(vgl. S. 100–102)

Adrenalinabbau:	$r_{xy} = -0.87$	$B = 0.76$
Schuh-/Handschuhgröße:	$r_{xy} = 0.16$	$B = 0.026$
Einkommen/Konsum:	$r_{xy} = 0.88$	$B = 0.77$

3.7.3 Regressionsgerade durch den Nullpunkt

Ist bekannt, dass die Regressionsgerade durch den Nullpunkt (0, 0) verlaufen muss, dann erhält man die Formel:

$$\hat{y} = \frac{\sum_{i=1}^{n} y_i \cdot x_i}{\sum_{i=1}^{n} x_i^2} \cdot x$$

Im Unterschied zur normalen Formel $\hat{y} = \bar{y} + \frac{s_{xy}}{s_x^2} \cdot (x - \bar{x})$ werden hier jeweils die Mittelwerte $\bar{x}, \bar{y}$ durch null ersetzt.

Beispiel:
Gewicht einer Flüssigkeit
Um herauszufinden, was 1 cm^3 Benzin wiegt, wurde eine Messreihe erstellt:

Nr.	Volumen [cm^3]	Gewicht [g]
1	0.5	0.38
2	5	3.8
3	8	5.9
4	10	7.4

Da 0 cm^3 Benzin 0 g wiegen, wird eine lineare Regression durch den Nullpunkt durchgeführt:

$$\bar{x} = 5.88$$
$$\bar{y} = 4.37$$
$$s_x^2 = 17.0625$$
$$s_{xy} = 12.565$$
$$\hat{y} = 0.736 \cdot x$$

Schätzung: 1 cm^3 Benzin wiegt ca. $\tilde{f}(1) = 0.736$ g.

Tatsächlich schwankt das Gewicht zwischen 0.72 und 0.775 g/cm^3.

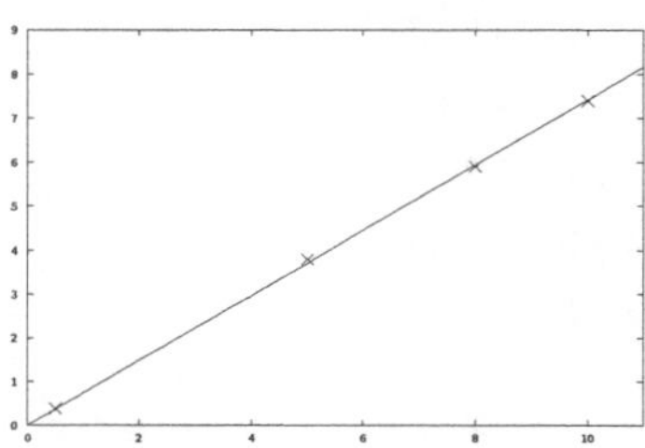

Bemerkung:
Vertauscht man die Rollen bei der Bildung der Regressionsgeraden, so erhält man als Steigung dieser Geraden die Zahl

$$\frac{s_{xy}}{s_y^2} = \frac{s_{xy}}{s_x^2} \cdot \frac{s_x^2}{s_y^2}$$

Da die Gerade so gebildet wird, dass die Summe der Abstandsquadrate der jeweils abhängigen Variablen zur Geraden minimiert wird, ergibt sich in der Regel eine andere Gerade als mit y als abhängiger Variable.

3.7.4 Nicht-linearer Zusammenhang

Wenn anzunehmen ist, dass zwischen zwei Größen ein nicht-linearer Zusammenhang herrscht, muss zunächst eine passende Klasse von tauglichen Regressionsfunktionen festgelegt werden.

Beispiele:

- Der Bremsweg hängt quadratisch von der Geschwindigkeit ab.
- Algenwachstum geschieht exponentiell mit der Zeit.
- Adrenalinkonzentration im Blut fällt exponentiell ab.

Insbesondere, wenn wir wissen, dass die Veränderung der abhängigen Variable proportional zu ihrem Bestand ist – wie etwa bei Infektionszahlen oder Zerfallsprozessen –, taugt ein lineares Modell nicht, um diese Situation zu beschreiben. Dann muss ein exponentielles Modell gebildet werden, denn Exponentialfunktionen haben die Eigenschaft, dass ihre Steigung proportional zum Funktionswert ist.

Zwei Vorgehensweisen sind dann möglich:
Man kann die Parameter einer passenden nicht-linearen Funktion optimieren; das könnte durchaus schwierig sein.
Alternativ kann man versuchen, die Daten so zu transformieren, dass die transformierten Daten einem linearen Zusammenhang genügen.

Beispiel:
Adrenalinkonzentration
$\hat{y} = f(x) = 10^{\tilde{a}+\tilde{b}\cdot x}$

Bei einem exponentiellen Zusammenhang geht man wie folgt vor:

1. Man logarithmiert die Daten y_i: Es sei $w_i = \log_c(y_i)$ zu einer beliebigen Basis c.
2. Man führt eine lineare Regression der logarithmierten Daten (x_i, w_i) durch und erhält $\hat{w} = \tilde{f}(x) = \tilde{a} + \tilde{b} \cdot x$.

3. Man macht das Logarithmieren rückgängig, indem man die Regressionsgerade $\tilde{f}(x)$ der logarithmierten Daten als Exponenten der Basis c benutzt:
$f(x) = c^{\tilde{f}(x)}$

Beispiel:
Adrenalinabbau in der Leber:

Zeit [min] x	Adrenalin [mg/l] y
6	30.2
18	9.8
30	4.7
42	1.8
54	0.8

Für diese Daten ist der Korrelationskoeffizient $r_{xy} = -0.87$.

Man ergänzt die Tabelle um die logarithmierten Daten:

Zeit [min] x	Adrenalin [mg/l] y	$\log_{10}$(Adrenalin) $= w$
6	30.2	1.48
18	9.8	0.99
30	4.7	0.67
42	1.8	0.26
54	0.8	−0.10

$$\begin{aligned}
\bar{x} &= 30 \\
\bar{w} &= 0.66 \\
\hat{s}_x^2 &= 288 \\
\hat{s}_w^2 &= 0.304 \\
\hat{s}_{xw} &= -9.335
\end{aligned}$$

$$\begin{aligned}
\tilde{b} &= \frac{-9.335}{288} = -0.0324 \\
\tilde{a} &= 1.632 \\
\tilde{f}(x) &= 1.632 - 0.0324 \cdot x
\end{aligned}$$

$$f(x) = 10^{1.632 - 0.0324 \cdot x}$$

Für die logarithmierten Daten ergibt sich als Korrelationskoeffizient
$r_{xw} \quad = -0.998$

Regressionsfunktion der logarithmierten Daten:
$\tilde{f}(x) = 1.632 - 0.0324 \cdot x$

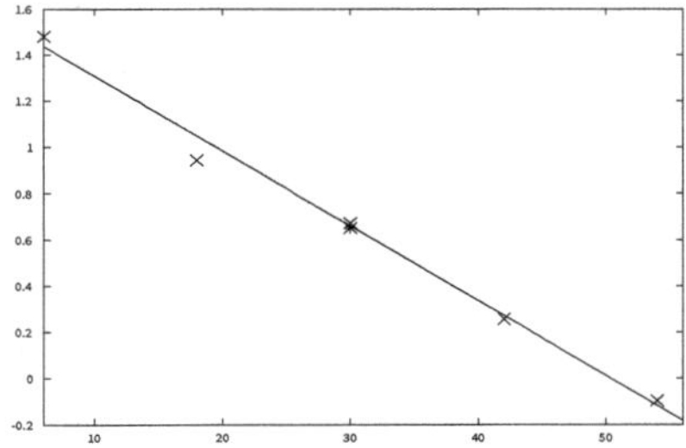

Regressionsfunktion der Urdaten:
$f(x) = 10^{1.632 - 0.0324 \cdot x}$

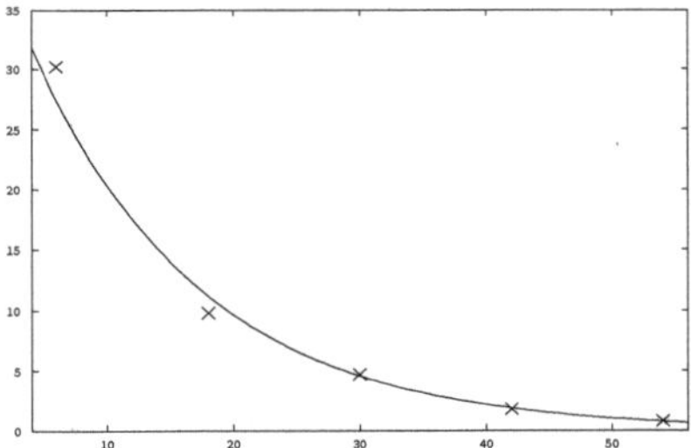

Beispiel:
Quadratischer Zusammenhang:

x	y
1	6.67
2	26.70
3	60.07
4	106.79
5	166.86

Es sei bekannt, dass zwischen X und Y ein einfacher quadratischer Zusammenhang besteht: $\hat{y} = a + b \cdot x^2$
Man setzt $z = x^2$: Dann ist $\hat{y} = a + b \cdot z$.
Lineare Regression von y auf z:

x	$z = x^2$	y
1	1	6.67
2	4	26.70
3	9	60.07
4	16	106.79
5	25	166.86

$$
\begin{aligned}
\bar{z} &= 11 \\
\bar{y} &= 73.418 \\
s_z^2 &= 74.8 \\
s_{zy} &= 499.25 \\
b &= 6.67 \\
a &= -0.001 \\
r_{xy} &= 0.9999999993
\end{aligned}
$$

Regressionsfunktion der transformierten Daten:

$\tilde{f}(z) = -0.001 + 6.67 \cdot z$

Regressionsfunktion der Urdaten:

$f(x) = -0.001 + 6.67 \cdot x^2$

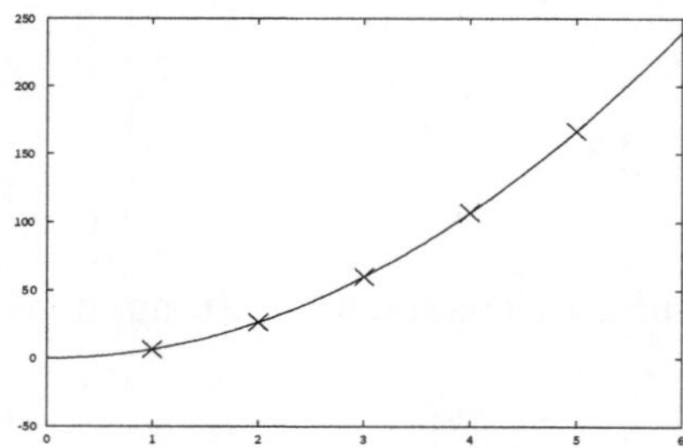

3.8 Rezeptartige Lösungswege

Aufgabe: Zweidimensionale Daten verstehen
Eine zweidimensionale Stichprobe besteht aus verbundenen Werten, wenn die Merkmalsausprägungen jeweils am selben Merkmalsträger erhoben werden. Sonst heißen die Werte unverbunden.
Die Anzahl erhobener Wertepaare wird mit n bezeichnet; die Messwerte zu Merkmal X heißen $x_1, \dots, x_n$, Messwerte zu Merkmal Y heißen $y_1, \dots, y_n$.

Die Anzahl der verschiedenen Ausprägungen von Merkmal X wird mit m bezeichnet, die Anzahl der Ausprägungen von Merkmal Y wird mit l bezeichnet.
Die Ausprägungen zu X sind $a_1, \dots, a_m$, die Ausprägungen zu Y sind $b_1, \dots, b_l$.
Zweidimensionale Daten können grafisch als Streuungsdiagramm oder durch einen Streckenzug dargestellt werden.

Die tabellarische Darstellung geschieht durch eine Kontingenztafel, die zu jedem Paar möglicher Ausprägungen die absolute oder relative Häufigkeit, mit der dieses Wertepaar auftritt, enthält.
Die Häufigkeiten werden pro Zeile bzw. Spalte aufsummiert; diese Randhäufigkeiten entsprechen den Häufigkeiten der einzelnen Ausprägungen je eines Merkmals.
Summenhäufigkeiten $H(x, y)$ und $F(x, y)$ entstehen durch Addition der Häufigkeiten des linken oberen Quadranten der Kontingenztafel bis x bzw. y.
Bedingte Häufigkeitsverteilungen beziehen sich nur auf eine Zeile oder Spalte der Kontingenztafel.
Etwa die bedingte relative Häufigkeit einer Ausprägung b_k unter der Bedingung, dass beim anderen Merkmal Ausprägung a_j gemessen wird, ist gleich
- der absoluten Häufigkeit dieses Wertepaars (a_j, b_k), geteilt durch die absolute Häufigkeit der Ausprägung a_j;
- der relativen Häufigkeit dieses Wertepaars (a_j, b_k), geteilt durch die relative Häufigkeit der Ausprägung a_j.

s. Aufgabe 3.2, S. 115 | s. Aufgabe 3.3, S. 115

Bedingte relative Häufigkeiten, Lageparameter

Aufgabe: Streuungsparameter aus der Kontingenztafel ermitteln
Gegeben: Zweidimensionale Häufigkeitsdaten in Form einer Kontingenztafel
Gesucht:
(a) Bedingte relative Häufigkeiten
(b) Mittelwerte
(c) Varianzen

Lösungsweg:
Man vervollständigt die Kontingenztafel um die Randhäufigkeiten.

(a) Bedingte relative Häufigkeit eines Wertepaars (a_j, b_k) von Merkmalsausprägungen

$$= \frac{\text{Eintrag } in \text{ der Tabelle bei } j\text{-ten Zeile und } k\text{-ten Spalte}}{\text{Zeilen- bzw. Spaltensumme}}$$

(b) Mittelwerte:

Jeweils $= \frac{1}{n} \cdot$ Summe aus Merkmalsausprägungen $\cdot$
(zugehöriger absoluter Randhäufigkeit)

(c) Varianzen:

Bei vollständigem Datensatz:

Jeweils $= \frac{1}{n} \cdot$ Summe aus (Merkmalsausprägung − Mittelwert)$^2 \cdot$
(zugehöriger absoluter Randhäufigkeit)

Im Fall einer Stichprobe:

Jeweils $= \frac{1}{n-1} \cdot$ Summe aus (Merkmalsausprägung − Mittelwert)$^2 \cdot$
(zugehöriger absoluter Randhäufigkeit)

Bei klassierten Daten werden Häufigkeiten, Lage- und Streuungsparameter in Analogie zu eindimensionalen Verteilungen gebildet.

s. Aufgabe 3.1, S. 115	s. Aufgabe 3.2, S. 115
s. Aufgabe 3.3, S. 115	s. Aufgabe 3.4, S. 116

Aufgabe: Kovarianz aus Urdaten ermitteln
Gegeben: Daten $((x_1, y_1), \dots, (x_n, y_n))$
Gesucht: Kovarianz eines vollständigen Datensatzes
Stichprobenkovarianz

Lösungsweg:
Kovarianz eines vollständigen Datensatzes: Formel 2.3.1 in Formelsammlung

$= \frac{1}{n} \cdot$ Summe der Produkte
(Messwert$_X$ − Mittelwert$_X$) $\cdot$ (Messwert$_Y$ − Mittelwert$_Y$)

Es gibt noch die Formel

Kovarianz =
Arithmetisches Mittel der Produkte der Messwerte − Produkt der Mittelwerte,
die schneller zu rechnen, aber leider nicht so intuitiv ist.

Stichprobenkovarianz

$= \frac{1}{n-1} \cdot$ Summe der Produkte
(Messwert$_X$ − Mittelwert$_X$) $\cdot$ (Messwert$_Y$ − Mittelwert$_Y$)

Es gibt noch die Formel

Stichprobenkovarianz =

$\frac{1}{n-1}$·[Summe der Produkte Messwert$_X$ · Messwert$_Y$ − n · Produkt der Mittelwerte]

die schneller zu rechnen, aber leider nicht intuitiv ist.

s. Aufgabe 3.5, S. 116

Aufgabe: Kovarianz aus Häufigkeitsdaten ermitteln
Gegeben: Zweidimensionale Häufigkeitsdaten in Form einer Kontingenztafel
Gesucht: Kovarianz eines vollständigen Datensatzes
Stichprobenkovarianz

Lösungsweg:
Kovarianz eines vollständigen Datensatzes:

= $\frac{1}{n}$· Doppelsumme über alle Zeilen und Spalten der Produkte
(Ausprägung$_X$ − Mittelwert$_X$) · (Ausprägung$_Y$ − Mittelwert$_Y$)·
(absolute Häufigkeit des gemeinsamen Auftretens)

Auch hier gibt es eine schnelle, wenn auch nicht intuitive Formel.
Stichprobenkovarianz:

= $\frac{1}{n-1}$· Doppelsumme über alle Zeilen und Spalten der Produkte
(Ausprägung$_X$ − Mittelwert$_X$) · (Ausprägung$_Y$ − Mittelwert$_Y$) ·
(absolute Häufigkeit des gemeinsamen Auftretens)

Auch hier gibt es eine schnelle, wenn auch nicht intuitive Formel.

s. Aufgabe 3.6, S. 117

Aufgabe: Korrelationskoeffizient und Bestimmtheitsmaß aus Urdaten bestimmen
Gegeben: Daten $((x_1, y_1), \dots, (x_n, y_n))$
Gesucht:
(a) Korrelationskoeffizient
(b) Bestimmtheitsmaß

Lösungsweg:
(a) Korrelationskoeffizient: Formel 2.3.2
Der Korrelationskoeffizient ist eine normierte mittlere gemeinsame Abweichung vom Mittelwert:
Er nimmt Werte zwischen −1 und +1 an.
Der Korrelationskoeffizient misst, wie weit die beiden Merkmale *linear* miteinander zusammenhängen.

$$\text{Korrelationskoeffizient} = \frac{\text{Varianz}}{\text{Produkt der Standardabweichungen}}$$

Hierbei ist es gleichgültig, ob die Streuungsparameter eines vollständigen Datensatzes oder alternativ diejenigen einer Stichprobe verwendet werden.

(b) Bestimmtheitsmaß: Formel 2.4.1

Das Bestimmtheitsmaß ist ein Maß dafür, wie gut eine Gerade sich den Daten anpassen kann. Sein Wert ist der Anteil der Varianz der Daten, der auf den linearen Zusammenhang der beiden Größen zurückzuführen ist.

Das Bestimmtheitsmaß nimmt Werte zwischen 0 und 1 an: Je größer das Bestimmtheitsmaß, desto besser die Anpassung.

Bestimmtheitsmaß = Quadrat des Korrelationskoeffizienten

s. Aufgabe 3.5, S. 116

Aufgabe: Korrelationskoeffizient und Bestimmtheitsmaß aus der Kontingenztafel bestimmen

Gegeben: Zweidimensionale Häufigkeitsdaten in Form einer Kontingenztafel

Gesucht:

(a) Korrelationskoeffizient

(b) Bestimmtheitsmaß

Lösungsweg:

(a) Korrelationskoeffizient: Formel 2.3.2

$$\text{Korrelationskoeffizient} = \frac{\text{Kovarianz}}{\text{Produkt der Standardabweichungen}}$$

(b) Bestimmtheitsmaß: Formel 2.4.1

Bestimmtheitsmaß = Quadrat des Korrelationskoeffizienten

s. Aufgabe 3.6, S. 117

Aufgabe: Rangkorrelationskoeffizient berechnen

Gegeben: Zweidimensionale ordinale Daten

Gesucht: Korrelationsmaß

Lösungsweg:

In jedem Wertepaar wird jedem Wert sein Rang in der zugehörigen geordneten Messreihe zugeordnet.

Ränge identischer Messwerte werden durch ihr arithmetisches Mittel ersetzt.

Anschließend wird der Korrelationskoeffizient der zweidimensionalen Verteilung dieser Ränge berechnet. Mittels einer direkten Formel kann man diesen Korrelationskoeffizienten direkt aus den Rängen und der Anzahl der Daten berechnen.

s. Aufgabe 3.8, S. 117

Aufgabe: Zusammenhangsmaß bei nur nominalen Merkmalen ermitteln
Bei nur nominalen Merkmalen kann ein Maß für die Unabhängigkeit der Merkmale berechnet werden. Im Fall der Unabhängigkeit müsste der Anteil eines Wertepaars mit dem Produkt der Anteile der einzelnen Werte übereinstimmen.
Ein erstes Maß für die Unabhängigkeit ist der χ^2-Koeffizient. Da seine Größe schwierig zu bewerten ist, bestimmt man daraus den normierten korrigierten Kontingenzkoeffizienten, der Werte zwischen 0 und 1 annehmen kann.

s. Aufgabe 3.10, S. 118

Aufgabe: Regressionsfunktion bei linearem Zusammenhang aus Urdaten bestimmen
Gegeben: Daten $((x_1, y_1), \dots, (x_n, y_n))$
Gesucht:
(a) Regressionsgerade
(b) Schätzung eines y-Werts zu einem x-Wert, der sich nicht unter den Daten befindet
(c) Zuordnen eines x-Werts zu einem y-Wert, der sich nicht unter den Daten befindet

Lösungsweg: Formel 2.4.1
(a) Regressionsgerade =
Gerade, die sich der Punktwolke der Datenpunkte vertikal so gut wie möglich anpasst
- Steigung $b = \frac{\text{Kovarianz}}{\text{Varianz von } x}$
- y-Achsenabschnitt $a = (\text{Mittelwert von } Y) - b \cdot (\text{Mittelwert von } X)$

(b) Zu einem weiteren x-Wert wird der y-Wert geschätzt durch den Wert $f(x)$.
(c) Zu einem weiteren y-Wert wird der zugehörige x-Wert durch Auflösen von $y = a + b \cdot x$ nach x geschätzt.

s. Aufgabe 3.5, S. 116

Aufgabe: Regressionsfunktion durch den Nullpunkt bei linearem Zusammenhang aus Urdaten bestimmen
Gegeben: Daten $((x_1, y_1), \dots, (x_n, y_n))$
Gesucht: Regressionsgerade durch den Nullpunkt

Lösungsweg:
Bei der Ermittlung der Regressionsgerade durch den Nullpunkt werden in den Formeln die Mittelwerte $\bar{x}$ und $\bar{y}$ durch 0 ersetzt; das führt zu einer recht einfachen Formel.

s. Aufgabe 3.7, S. 117

Aufgabe: Regressionsgerade aus der Kontingenztafel bestimmen
Zweidimensionale Häufigkeitsdaten in Form einer Kontingenztafel
Gesucht: Regressionsgerade

Lösungsweg:
Zur Ermittlung der Varianz von X und der Kovarianz wird jeder Wert bzw. jedes Wertepaar mit seiner absoluten Häufigkeit aus der Kontingenztafel gewichtet.

s. Aufgabe 3.6, S. 117

Aufgabe: Regressionsfunktion bei exponentiellem Zusammenhang aus Urdaten ermitteln
Gegeben: Daten $((x_1, y_1), \dots, (x_n, y_n))$
Gesucht:

(a) Regressionsfunktion, die widerspiegelt, dass y sich exponentiell mit x entwickelt:

$\hat{y}(x)$ ist proportional zu einer Zahl^x

(b) Schätzung eines y-Werts zu einem x-Wert, der sich nicht unter den Daten befindet

(c) Zuordnen eines x-Werts zu einem y-Wert, der sich nicht unter den Daten befindet

Lösungsweg:
Formel 2.4.2

(a) Die Daten y_i werden logarithmiert (zu einer beliebigen Basis c, meist wird Basis 10 gewählt)

Man ermittelt die Regressionsgerade
$\tilde{f}(x) = \tilde{a} + \tilde{b} \cdot x$ der logarithmierten Daten.
Die Regressionsfunktion der ursprünglichen Daten ist
$\hat{y} = c^{\tilde{f}(x)}$, also bei Wahl des Zehnerlogarithmus $\hat{y} = 10^{\tilde{a}+\tilde{b}\cdot x}$.

(b) Zu einem weiteren x-Wert wird der y-Wert geschätzt durch den Wert $f(x) = c^{\tilde{a}+\tilde{b}\cdot x}$.

(c) Zu einem weiteren y-Wert wird der zugehörige x-Wert durch Auflösen von $y = c^{\tilde{a}+\tilde{b}\cdot x}$ nach x geschätzt.

s. Aufgabe 3.9, S. 118

3.9 Übungsaufgaben

Klassierte Daten

Aufgabe 3.1
Bei zehn Personen wurden Körpergröße und Gewicht gemessen (Größe in m, Gewicht in kg):

(1.60, 50) (1.65, 52) (1.70, 55) (1.70, 58) (1.75, 58)
(1.75, 60) (1.75, 65) (1.80, 70) (1.80, 75) (1.85, 80)

Diese Daten sollen für Rückschlüsse auf die größere Grundgesamtheit ganz Deutschlands dienen.

(a) Fassen Sie die Daten für jedes Merkmal zu halboffenen, nach oben geschlossenen Klassen der Breite zehn zusammen, beginnend mit Körpergröße 1.60 m und Gewicht 50 kg.
Erstellen Sie die zu dieser Klasseneinteilung gehörige Kontingenztafel.
(b) Ermitteln Sie $F(70, 1.80)$.
(c) Berechnen Sie näherungsweise Mittelwert und Varianz der Gewichte.

Aufgabe 3.2
Gegeben sind folgende Monatsumsätze dreier Cafeterien über ein Jahr:

Cafeteria\Umsatz [Tsd. Euro]	[10, 20]	]20, 30]
A	7	5
B	6	6
C	4	8

(a) Welches ist die relative Häufigkeitsverteilung unter der Bedingung, dass nur Cafeteria A betrachtet wird?
(b) Ermitteln Sie die relative Häufigkeitsverteilung unter der Bedingung, dass der Monatsumsatz zwischen 20 und 30 Tsd. Euro beträgt.

Kontingenztafel, bedingte relative Häufigkeiten

Aufgabe 3.3
Von 1000 Personen ließen sich 190 gegen Grippe impfen.
Von den Geimpften erkrankten 16, von den nicht geimpften 121 an Grippe.

(a) Erstellen Sie die entsprechende Kontingenztafel.
(b) Welches sind die Randverteilungen?
(c) Berechnen Sie alle bedingten relativen Häufigkeitsverteilungen unter den Bedingungen geimpft, nicht geimpft, erkrankt und nicht erkrankt zu sein.

Aufgabe 3.4
Eine Familie hat über einige Zeit ihre Käse- und Wursteinkäufe notiert. In der folgenden Tabelle sind die Häufigkeiten zusammengestellt, mit denen Mengenkombinationen von Käse und Wurst gekauft wurden:

Käse (X)/Wurst (Y)	50 g	100 g	150 g	200 g
50 g	1	2	3	2
100 g	2	5	4	3
150 g	3	4	3	2
200 g	4	3	2	1

(a) Bestimmen Sie die Mengen an Käse und Wurst, die die Familie während dieser Zeit gekauft hat.
(b) Berechnen Sie die Gesamtmenge an Käse, die gekauft wurde, wenn 100 g Wurst gekauft wurden.
(c) Berechnen Sie die Gesamtmenge an Wurst, die gekauft wurde, wenn 150 g Käse gekauft wurden.

Kovarianz, Korrelationskoeffizient, Regressionsgerade

Aufgabe 3.5
(a) Sechs Menschen wurden nach ihrem wöchentlichen Weinkonsum X und ihrer sportlichen Aktivität Y befragt:

Person	A	B	C	D	E	F
Anzahl Wochentage						
mit Weinkonsum	1	1	2	2	3	3
mit Sport	1	3	2	4	3	5

(b) Sechs Menschen wurden nach ihrem wöchentlichen Bierkonsum X und ihrer sportlichen Aktivität Y befragt:

Person	A	B	C	D	E	F
Anzahl Wochentage						
mit Bierkonsum	1	2	3	3	4	5
mit Sport	1	3	2	4	3	6

Daraus ergeben sich folgende Größen:

$$\begin{aligned} \textstyle\sum_{i=1}^{6} x_i &= 18 \\ \textstyle\sum_{i=1}^{6} y_i &= 19 \\ \textstyle\sum_{i=1}^{6} x_i^2 &= 64 \\ \textstyle\sum_{i=1}^{6} y_i^2 &= 75 \\ \textstyle\sum_{i=1}^{6} x_i \cdot y_i &= 67 \end{aligned}$$

Berechnen Sie jeweils Kovarianz und Korrelationskoeffizient.
Bestimmen Sie jeweils die Regressionsgerade mit Regressor X = Wein- bzw. Bierkonsum.
Skizzieren Sie jeweils Datenpunkte, Mittelwerte und Regressionsgerade.

Aufgabe 3.6
In einem Krankenhaus wurde das Lebensalter von zehn jungen Müttern in Relation gesetzt zum Körpergewicht ihrer Neugeborenen:

Lebensalter [Jahre]	20	25	25	30	30	30	35	35	40	40
Gewicht des Kindes [kg]	4	4	5	4	4	5	3	3	3	3

(a) Erstellen Sie die zugehörige Kontingenztafel.
(b) Bestimmen Sie aus der Kontingenztafel Kovarianz, Korrelationskoeffizient und Bestimmtheitsmaß.
(c) Erstellen Sie eine geeignete Regressionsgerade.
(d) Skizzieren Sie Datenpunkte, Mittelwerte und Regressionsgerade.

Aufgabe 3.7
Gegeben ist folgende Datenreihe:

i	x_i	y_i
1	1.5	2.5
2	2	3.5
3	3	4
4	4	5.5

Bestimmen und skizzieren Sie diejenige Regressionsgerade, die durch den Punkt $(0, 0)$ verläuft.

Rangkorrelation

Aufgabe 3.8
Acht Jugendliche wurden danach gefragt, welche Bedeutung sie Alkohol- und Zigarettenkonsum auf einer Skala von 1 bis 10 beimessen:

Person	A	B	C	D	E	F	G	H
Alkohol	1	2	2	3	3	4	5	7
Zigaretten	1	1	2	2	4	3	7	6

Bestimmen Sie den Rangkorrelationskoeffizienten nach Spearman.
Interpretieren Sie das Ergebnis.

Exponentielle Regeressionsfunktion

Aufgabe 3.9
Das Wachstum von Bakterien geschieht exponentiell.
Zum Zeitpunkt $x = 0$ sei der Bestand $B = 1$ (in einer geeigneten Einheit). Die Zahl der Bakterien verdoppelt sich jede halbe Stunde:

Zeit x [h]	0	0.5	1	1.5	2
Bestand $B(x)$	1	2	4	8	16

(a) Logarithmieren Sie die Messreihe $B(0), \dots, B(2)$ einmal zur Basis 2 und einmal zur Basis 10, berechnen Sie jeweils die zugehörige Regressionsgerade und die exponentielle Regressionsfunktion.
(b) Skizzieren Sie beide logarithmierten Situationen.
(c) Machen Sie eine Prognose für den Zeitpunkt $x = 2.5$.

Chi-Quadrat-Koeffizient

Aufgabe 3.10
Um den Zusammenhang zwischen der Nutzung von Smartphones und Tabletcomputern zu untersuchen, wurden 400 Personen befragt:

	Smartphone	kein Smartphone
Tabletrechner	170	30
kein Tabletrechner	50	150

Bestimmen Sie den Chi-Quadrat-Koeffizienten und den korrigierten Kontingenzkoeffizienten.

3.10 Lösungen

Lösung 3.1
Bei zehn Personen wurden Körpergröße und Gewicht gemessen (Größe in m, Gewicht in kg):

(1.60, 50) (1.65, 52) (1.70, 55) (1.70, 58) (1.75, 58)
(1.75, 60) (1.75, 65) (1.80, 70) (1.80, 75) (1.85, 80)

Diese Daten sollen für Rückschlüsse auf die größere Grundgesamtheit ganz Deutschlands dienen.

(a) Halboffene, nach oben geschlossene Klassen der Breite zehn, beginnend mit Körpergröße 1.60 m und Gewicht 50 kg:

Größe / Gewicht	[1.60, 1.70]	]1.70, 1.80]	]1.80, 1.90]	Summe
[50, 60]	4	2	0	6
(60, 70]	0	2	0	2
(70, 80]	0	1	1	2
	4	5	1	10

(b) $F(70, 1.80) \quad = \frac{4+2+0+2}{10} \quad = 0.8$

(c) Mittelwert der Gewichte x_i:

$$\begin{aligned} \bar{x} &\approx 55 \cdot 0.6 + 65 \cdot 0.2 + 75 \cdot 0.2 \\ &= 61 \end{aligned}$$

Varianz der Gewichte:

$$\begin{aligned} s_x^2 &\approx (55-61)^2 \cdot \frac{6}{10} + (65-61)^1 \cdot \frac{2}{10} + (75-61)^2 \cdot \frac{2}{10} \\ &= 64 \end{aligned}$$

Lösung 3.2
Vervollständigte Tabelle der Monatsumsätze dreier Cafeterien über ein Jahr:

Cafeteria\Umsatz [Tsd. Euro]	[10, 20]	]20, 30]	Summe
A	7	5	12
B	6	6	12
C	4	8	12
Summe	17	19	36

(a) Relative Häufigkeitsverteilung unter der Bedingung, dass nur Cafeteria A betrachtet wird:

Cafeteria\Umsatz [Tsd. Euro]	[10, 20]	]20, 30]
A	$\frac{7}{12} = 0.58$	$\frac{5}{12} = 0.42$

(b) Relative Häufigkeitsverteilung unter der Bedingung, dass der Monatsumsatz zwischen 20 und 30 Tsd. Euro beträgt:

A	B	C
$\frac{5}{19} = 0.26$	$\frac{6}{19} = 0.32$	$\frac{8}{19} = 0.42$

Lösung 3.3
Von 1000 Personen ließen sich 190 gegen Grippe impfen.
Von den Geimpften erkrankten 16, von den nicht geimpften 121 an Grippe.

(a) Kontingenztafel:

	erkrankt (E)	nicht erkrankt ($\bar{E}$)	Summe
geimpft (G)	16	174	$h_{1\cdot} = 190$
nicht geimpft ($\bar{G}$)	121	689	$h_{2\cdot} = 810$
Summe	$h_{\cdot 1} = 137$	$h_{\cdot 2} = 863$	1000

(b) Randverteilungen:

$r_{1\cdot} = 0.190 \quad r_{2\cdot} = 0.810 \quad r_{\cdot 1} = 0.137 \quad r_{\cdot 2} = 0.863$

(c) Bedingte relative Häufigkeitsverteilungen:

$$
\begin{aligned}
r(\text{erkrankt}|\text{geimpft}) &= \frac{16}{190} = 0.08 \\
r(\text{nicht erkrankt}|\text{geimpft}) &= \frac{174}{190} = 0.92 \\
r(\text{erkrankt}|\text{nicht geimpft}) &= \frac{121}{810} = 0.15 \\
r(\text{nicht erkrankt}|\text{nicht geimpft}) &= \frac{689}{810} = 0.85 \\
r(\text{geimpft}|\text{erkrankt}) &= \frac{16}{137} = 0.12 \\
r(\text{nicht geimpft}|\text{erkrankt}) &= \frac{121}{137} = 0.88 \\
r(\text{geimpft}|\text{nicht erkrankt}) &= \frac{174}{863} = 0.20 \\
r(\text{nicht geimpft}|\text{nicht erkrankt}) &= \frac{689}{863} = 0.80
\end{aligned}
$$

Lösung 3.4
Eine Familie hat über einige Zeit ihre Käse- und Wursteinkäufe notiert.

Vervollständigte Tabelle:

Käse (X)/Wurst (Y)	50 g	100 g	150 g	200 g	Summe
50 g	1	2	3	2	8
100 g	2	5	4	3	14
150 g	3	4	3	2	12
200 g	4	3	2	1	10
Summe	10	14	12	8	44

(a) Mengen an Käse und Wurst, die die Familie während dieser Zeit gekauft hat:

$$\begin{aligned} X_{\text{gesamt}} &= 8 \cdot 50 + 14 \cdot 100 + 12 \cdot 150 + 10 \cdot 200 \\ &= 5600 \\ Y_{\text{gesamt}} &= 10 \cdot 50 + 14 \cdot 100 + 12 \cdot 150 + 8 \cdot 200 \\ &= 5300 \end{aligned}$$

(b) Gesamtmenge an Käse, die gekauft wurde, wenn 100 g Wurst gekauft wurden:

$$\begin{aligned} X|_{Y=100} &= 2 \cdot 50 + 5 \cdot 100 + 4 \cdot 150 + 3 \cdot 200 \\ &= 1800 \end{aligned}$$

(c) Gesamtmenge an Wurst, die gekauft wurde, wenn 150 g Käse gekauft wurden:

$$\begin{aligned} Y|_{X=150} &= 3 \cdot 50 + 4 \cdot 100 + 3 \cdot 150 + 2 \cdot 200 \\ &= 1400 \end{aligned}$$

Lösung 3.5
(a) Sechs Menschen wurden nach ihrem wöchentlichen Weinkonsum X und ihrer sportlichen Aktivität Y befragt:

Person	A	B	C	D	E	F
Anzahl Wochentage						
mit Weinkonsum	1	1	2	2	3	3
mit Sport	1	3	2	4	3	5

Kovarianz und Korrelationskoeffizient:

$$\begin{aligned} \bar{x} &= \frac{2 \cdot 1 + 2 \cdot 2 + 2 \cdot 3}{6} = 2.0 \\ \bar{y} &= \frac{1+3+2+4+3+5}{6} = 3.0 \end{aligned}$$

$$\hat{s}_x^2 = \frac{2\cdot(1-2)^2+2\cdot 0+2\cdot(3-2)^2}{6} = 0.\bar{6}$$

$$\hat{s}_y^2 = \frac{(1-3)^2+0+(2-3)^2+(4-3)^2+0+(5-3)^2}{6} = 1.\bar{6}$$

$$\hat{s}_{xy} = \frac{(1-2)\cdot(1-3)+0+0+0+0+(3-2)\cdot(5-3)}{6} = 0.\bar{6}$$

$$r_{xy} = \frac{\hat{s}_{xy}}{\hat{s}_x\cdot\hat{s}_y} = 0.63$$

Regressionsgerade:

$$b = \frac{\hat{s}_{xy}}{\hat{s}_x^2} = 1.0$$

$$a = \bar{y} - b\cdot\bar{x} = 1.0$$

$$\hat{y} = f(x) = 1.0 + 1\cdot x$$

Skizze:

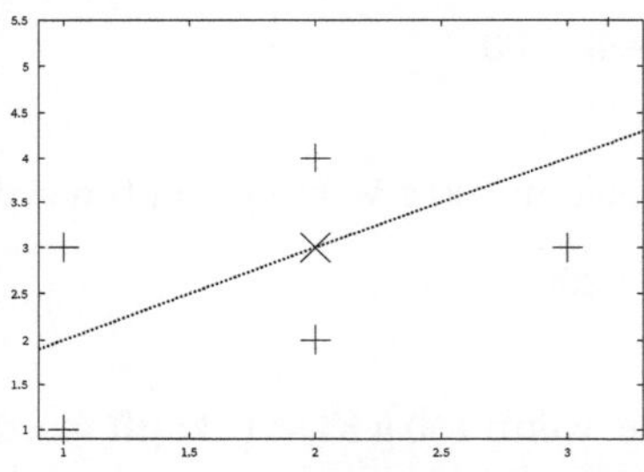

Datenpunkte, Mittelwerte und Regressionsgerade

(b) Sechs Menschen wurden nach ihrem wöchentlichen Bierkonsum X und ihrer sportlichen Aktivität Y befragt:

Person	A	B	C	D	E	F
Anzahl Wochentage						
mit Bierkonsum	1	2	3	3	4	5
mit Sport	1	3	2	4	3	6

Daraus ergeben sich folgende Größen:

$$\sum_{i=1}^{6} x_i = 18$$

$$\sum_{i=1}^{6} y_i = 19$$

$$\sum_{i=1}^{6} x_i^2 = 64$$

$$\sum_{i=1}^{6} y_i^2 = 75$$

$$\sum_{i=1}^{6} x_i\cdot y_i = 67$$

Kovarianz und Korrelationskoeffizient:

$$\begin{aligned}
\hat{s}_{xy} &= \frac{1}{n} \cdot \left(\sum_{i=1}^{6} x_i \cdot y_i\right) - \bar{x} \cdot \bar{y} \\
&= \frac{1}{6} \cdot 67 - \frac{18}{6} \cdot \frac{19}{6} \\
&= 1.\bar{6} \\
\hat{s}_x^2 &= \frac{1}{n} \cdot \left(\sum_{i=1}^{6} x_i^2\right) - \bar{x}^2 \\
&= \frac{1}{6} \cdot 64 - \left(\frac{18}{6}\right)^2 && = 1.\bar{6} \\
\hat{s}_y^2 &= \frac{1}{6} \cdot 75 - \left(\frac{19}{6}\right)^2 && = 2.47\bar{2} \\
r_{xy} &= \frac{\hat{s}_{xy}}{\hat{s}_x \cdot \hat{s}_y} \\
&= \frac{1.\bar{6}}{\sqrt{1.\bar{6} \cdot 2.47\bar{2}}} && = 0.821
\end{aligned}$$

Regressionsgerade:

$$\begin{aligned}
b &= \frac{\hat{s}_{xy}}{\hat{s}_x^2} \\
&= \frac{1.\bar{6}}{1.\bar{6}} && = 1 \\
a &= \bar{y} - b \cdot \bar{x} \\
&= 3.1\bar{6} - 1 \cdot 3.0 && = 0.1\bar{6} \\
\hat{y} &= f(x) && = 0.1\bar{6} + 1 \cdot x
\end{aligned}$$

Skizze der Regressionsgeraden:

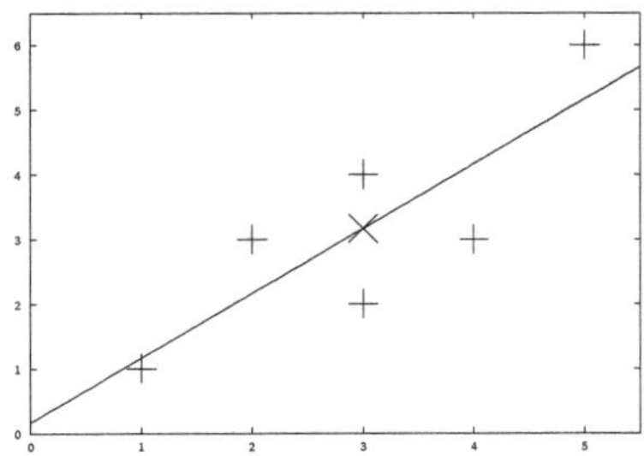

Lösung 3.6

In einem Krankenhaus wurde das Lebensalter von zehn jungen Müttern in Relation gesetzt zum Körpergewicht ihrer Neugeborenen:

Lebensalter [Jahre]	20	25	25	30	30	30	35	35	40	40
Gewicht des Kindes [kg]	4	4	5	4	4	5	3	3	3	3

(a) Kontingenztafel:

Gewicht/Alter	20	25	30	35	40	Summe
3	0	0	0	2	2	4
4	1	1	2	0	0	4
5	0	1	1	0	0	2
Summe	1	2	3	2	2	10

(b) Kovarianz, Korrelationskoeffizient und Bestimmtheitsmaß: x bezeichne das Lebensalter der Mutter, y das Gewicht des Neugeborenen.

$$\begin{aligned}
\bar{x} &= \frac{1}{10} \cdot (1 \cdot 20 + 2 \cdot 25 + 3 \cdot 30 + 2 \cdot 35 + 2 \cdot 40) = 31.0 \\
\bar{y} &= \frac{1}{10} \cdot (4 \cdot 3 + 4 \cdot 4 + 2 \cdot 5) = 3.8 \\
s_{xy} &= \frac{1}{9} \cdot (2 \cdot (3 - 3.8)(35 - 31) + 2 \cdot (3 - 3.8)(40 - 31) + \\
&\quad (4 - 3.8)(20 - 31) + (4 - 3.8)(25 - 31) + \\
&\quad 2 \cdot (4 - 3.8)(30 - 31) + \\
&\quad (5 - 3.8)(25 - 31) + (5 - 3.8)(30 - 31)) \\
&= -3.\bar{6} \\
s_x^2 &= \frac{1}{9} \cdot \left(1 \cdot (20 - 31)^2 + 2 \cdot (25 - 31)^2 + 3 \cdot (30 - 31)^2 \right. \\
&\quad \left. + 2 \cdot (35 - 31)^2 + 2 \cdot (40 - 31)^2\right) = 43.\bar{3} \\
s_x &= \sqrt{43.\bar{3}} = 6.5828 \\
s_y^2 &= \frac{1}{9} \cdot \left(4 \cdot 0.8^2 + 4 \cdot 0.2^2 + 2 \cdot 1.2^2\right) = 0.6\bar{2} \\
s_y &= 0.78881 \\
r_{xy} &= \frac{s_{xy}}{s_x \cdot s_y} = -\frac{3.\bar{6}}{6.5828 \cdot 0.78881} \\
&= -0.71 \\
B &= r_{xy}^2 \\
&= 0.50
\end{aligned}$$

(c) Regressionsgerade:

$$\begin{aligned}
b &= \frac{s_{xy}}{s_x^2} = -\frac{3.\bar{6}}{43.\bar{3}} = -0.08 \\
a &= 3.8 + 0.08 \cdot 31 = 6.42 \\
\hat{y} &= 6.42 - 0.08 \cdot x
\end{aligned}$$

(d) Skizze der Regressionsgeraden:

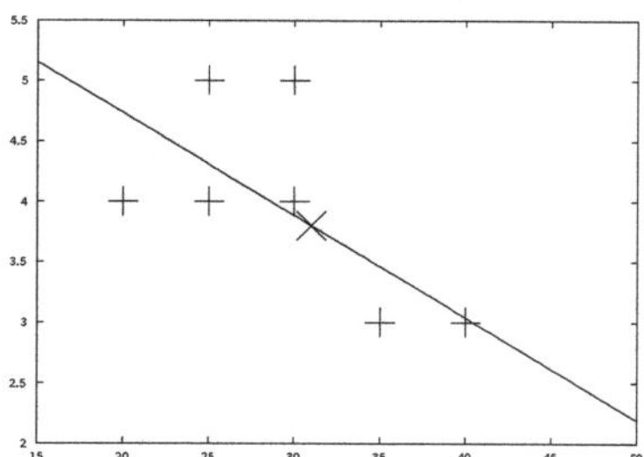

Lösung 3.7
Gegeben ist folgende Datenreihe:

i	x_i	y_i
1	1.5	2.5
2	2	3.5
3	3	4
4	4	5.5

Bestimmung und Skizze der Regressionsgeraden durch den Punkt $(0, 0)$:

Durch den Nullpunkt $(0, 0)$:

$$\sum_{i=1}^{n} x_i \cdot y_i = 44.75$$

$$\sum_{i=1}^{n} x_i^2 = 31.25$$

$$\hat{y} = \frac{\sum x_i \cdot y_i}{\sum x_i^2} \cdot x = 1.432 \cdot x$$

Zum Vergleich durch $(\bar{x}, \bar{y})$:

$\bar{x} = 2.625, \quad \bar{y} = 3.875$

$$\sum_{i=1}^{n} (x_i - \bar{x})^2 = 3.6875$$

$$\sum_{i=1}^{n} (x_i - \bar{x}) \cdot (y_i - \bar{y}) = 4.0625$$

$b = 1.10$

$a = 0.9875$

$\hat{y} = 0.9875 + 1.1 \cdot x$

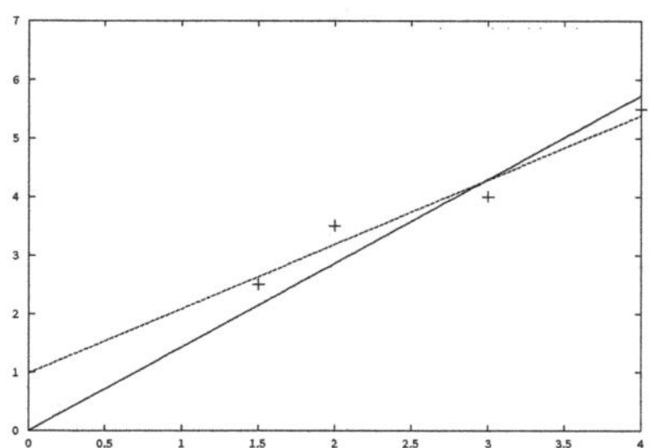

Daten, Regressionsgeraden durch Nullpunkt $(0, 0)$ und durch die Mittelwerte

Lösung 3.8
Acht Jugendliche wurden danach gefragt, welche Bedeutung sie Alkohol- und Zigarettenkonsum auf einer Skala von 1 bis 10 beimessen:

Person	A	B	C	D	E	F	G	H
Alkohol	1	2	2	3	3	4	5	7
Rang	1	2	3	4	5	6	7	8
gemittelter Rang	1	2.5	2.5	4.5	4.5	6	7	8
Zigaretten	1	1	2	2	4	3	7	6
Rang	1	2	3	4	6	5	8	7
gemittelter Rang	1.5	1.5	3.5	3.5	6	5	8	7

Rangkorrelationskoeffizient nach Spearman:

$$\begin{aligned}
\bar{A} &= \frac{1+2\cdot 2.5+2\cdot 4.5+6+7+8}{8} = 4.5 \\
\bar{Z} &= 4.5 \\
s_A^2 &= 5.125 \\
s_Z^2 &= 5.125 \\
s_{AZ} &= 4.59375 \\
r_{AZ} &= 0.896
\end{aligned}$$

Die Wertigkeit von Alkohol- und Zigarettenkonsum ist bei diesen Jugendlichen recht stark korreliert.

Lösung 3.9

Das Wachstum von Bakterien geschieht exponentiell.
Zum Zeitpunkt $x = 0$ sei der Bestand $B = 1$ (in einer geeigneten Einheit). Die Zahl der Bakterien verdoppelt sich jede halbe Stunde:

Zeit x [h]	0	0.5	1	1.5	2
Bestand $B(x)$	1	2	4	8	16

(a) Logarithmus der Messreihen zur Basis 2 und zur Basis 10, Regressionsgeraden der logarithmierten Messreihen und exponentielle Regressionsfunktionen:

Zeit x [h]	0	0.5	1	1.5	2
Bestand $B(x)$	1	2	4	8	16
$w2 = \log_2(B(x))$	0	1	2	3	4
alternativ:					
$w10 = \log_{10}(B(x))$	0.0	0.3	0.6	0.9	1.2

Mittels $\log_2$: $w2$		Mittesl $\log_{10}$: $w10$	
$\bar{x}$	$= 1.0$	$\bar{x}$	$= 1$
$\overline{w2}$	$= 2.0$	$\overline{w10}$	$= 0.602$
s_x^2	$= 0.625$	s_x^2	$= 0.625$
s_{xw2}	$= 1.25$	s_{xy}	$= 0.376$
b	$= 2.0$	b	$= 0.602$
a	$= 0.0$	a	$= 0.0$
$\hat{y}$	$= 2^{0+2\cdot t}$	$\hat{y}$	$= 0 + 10^{0.602\cdot t}$

(b) Skizze der logarithmierte Daten:

$\log_2$:

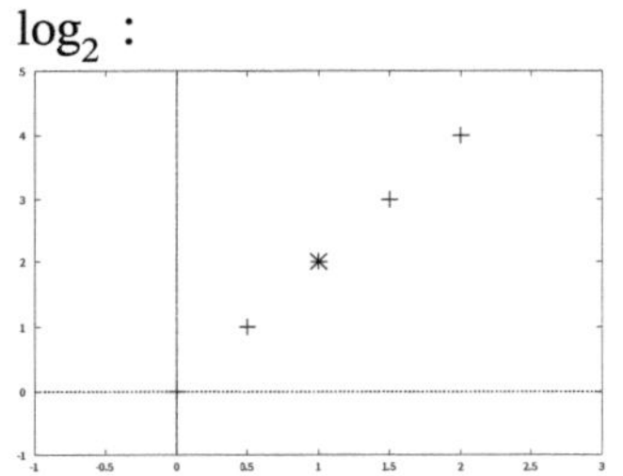

$\log_{10}$:

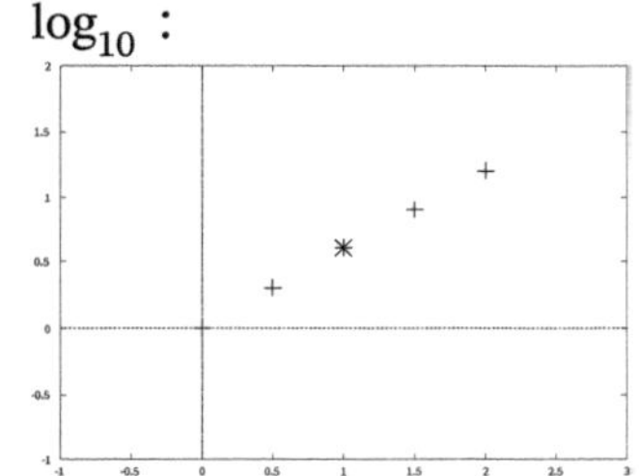

Zum Vergleich: Originaldaten:

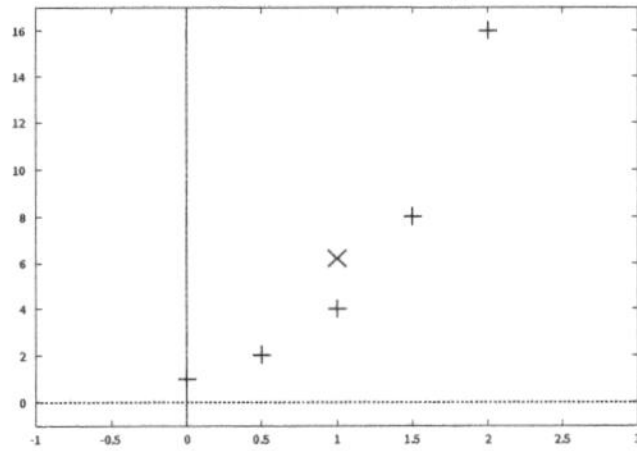

(c) Prognose:

$\hat{y}(2.5) = 2^{2\cdot 2.5} = 10^{0.602\cdot 2.5} = 32$

Lösung 3.10

Um den Zusammenhang zwischen der Nutzung von Smartphones und Tabletcomputern zu untersuchen, wurden 400 Personen befragt:

	Smartphone	kein Smartphone	Summe
Tabletrechner	170	30	200
kein Tabletrechner	50	150	200
Summe	220	180	400

Chi-Quadrat-Koeffizient und korrigierter Kontingenzkoeffizient:

$$\begin{aligned}\chi^2 &= \frac{400\cdot(170\cdot150-30\cdot50)^2}{200\cdot200\cdot220\cdot180} \\ &= 145.\bar{45}\end{aligned}$$

$$\begin{aligned}K^* &= \frac{\sqrt{\frac{145.\bar{45}}{400+145.\bar{45}}}}{\sqrt{\frac{1}{2}}} \\ &= 0.73\end{aligned}$$

3.11 Bezug zu weiterführenden Anwendungen

Marktforschung:

Regression

In der Marktforschung spielt die lineare Regression eine wichtige Rolle. Nehmen wir an, Sie seien Manager bei der Sugar Cola GmbH. Ihnen werden die Umsatzzahlen von Sugar Cola in Deutschland seit 1940 vorgelegt. Die Zahlen sind in der Tabelle zusammengefasst.

Jahr	1940	1950	1960	1970	1980	1990	2000	2010
Umsatz Mio. €	20	25	28	31	40	45	47	49

Umsätze von Sugar Cola seit 1940.

Ein erster guter Schritt in der Marktforschung ist, dass Sie sich diese Zahlen einmal visuell darstellen. Die Grafik zeigt die Daten.

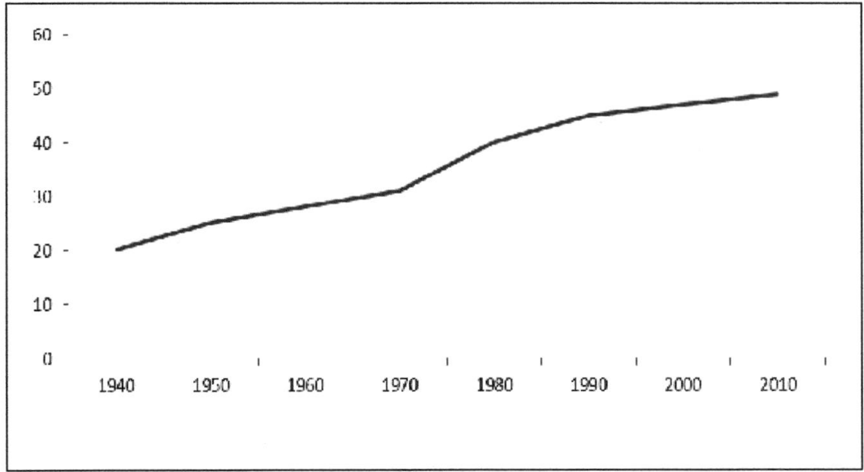

Umsatzzahlen Sugar Cola von 1940 bis 2010 in Mio. €.

Wahrscheinlich werden Sie als Manager zufrieden auf die Grafik schauen und den kontinuierlichen Umsatzzuwachs wahrnehmen. Ein Kollege sagt jedoch zu Ihnen, dass die reine Grafik noch nichts aussagt, da nicht genau erkennbar ist, wann Sugar Cola über oder unter dem Durchschnitt der Jahre gewachsen sei. Eine zentrale Frage ist somit, wie man die jährliche Zunahme beschreiben kann. Sie erinnern sich an Ihre Statistikvorlesung und berechnen die lineare Regressiongerade zu den gegebenen Daten aus der Tabelle. Diese lautet:

$$Y(t) = -841,369 + 0,444t \tag{3.1}$$

mit t = Jahr und $Y(t)$ der in dem jeweiligen Jahr erzielte Umsatz.

Sie plotten die Regressiongerade zusammen mit den Daten aus der Tabelle erneut.

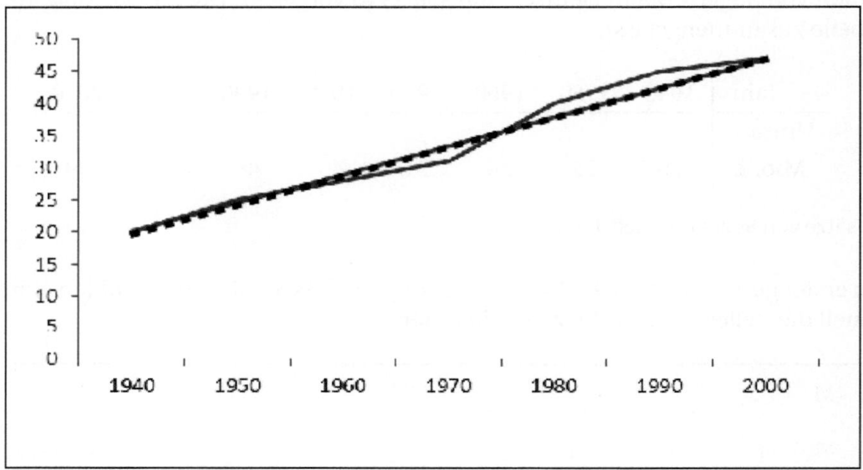

Umsatzzahlen Sugar Cola von 1940 bis 2010 in Mio. € und Regressionsgerade.

Nun können Sie viel detaillierter mit ihren Kollegen besprechen und analysieren, in welchen Jahren Sugar Cola stark oder eventuell auch schwächer gewachsen ist. Desweiteren könnten Sie mit Hilfe der Regressionsgerade auch errechnen, mit welchem Umsatz Sie 2020 rechnen würden. Dies ist jedoch ein Thema der induktiven Statistik.

4 Zeitreihenanalyse

Eine Zeitreihe ist eine Reihe von zeitlich aufeinanderfolgenden Beobachtungen (t, x_t) eines Merkmals. Die Zeit t durchläuft dabei häufig Zeitpunkte von 1 bis zu einem Endzeitpunkt T. Häufig wählt man den Zeitabstand zwischen aufeinader-folgenden Beobachtungen konstant.

Beispiele:

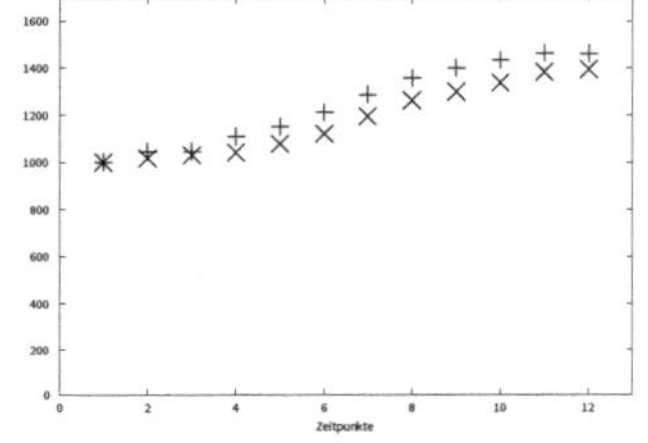

Einkommens- und Ausgabenentwicklung: Das Einkommen liegt immer oberhalb der Ausgaben

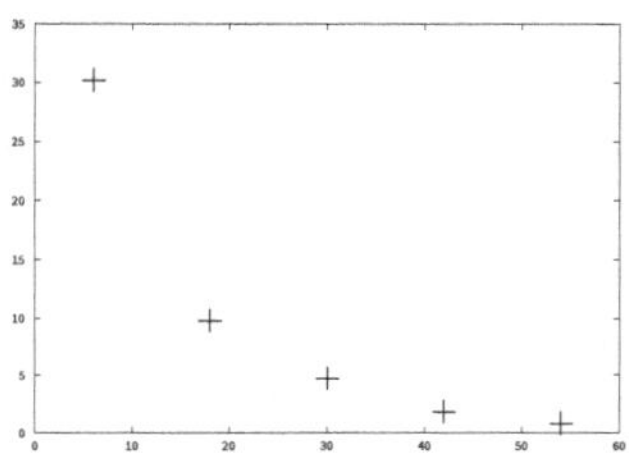

Adrenalinabbau

Ziel einer univariaten Zeitreihenanalyse sind die Beschreibung durch interpretierbare Charakteristika und Regelmäßigkeiten, die Modellierung zugrundeliegender Gesetzmäßigkeiten und die Prognose von Werten.
Ziel einer multivariaten Zeitreihenanalyse wäre es, zusätzlich Wechselwirkungen zwischen mehreren Zeitreihen zu erkennen. Dies ginge aber über dieses Buch hinaus.

4.1 Grafische Darstellung

Die Punkte mit Koordinanten (t, x_t) werden häufig durch einen Streckenzug miteinander verbunden.

Beispiel:

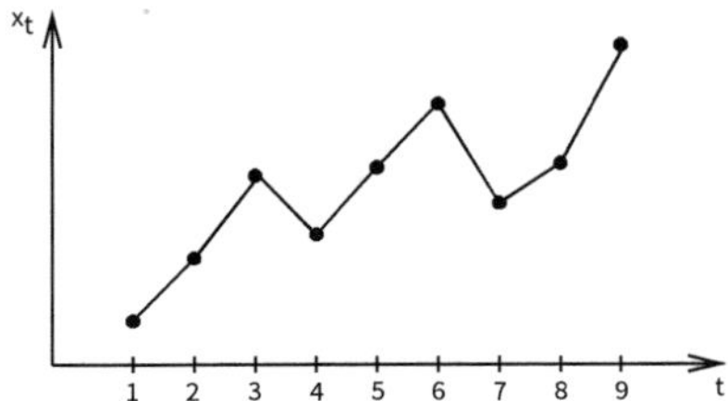

4.2 Komponenten von Zeitreihen

Üblicherweise nimmt man an, dass eine Zeitreihe zusammengesetzt ist aus drei Komponenten:
Die *Trendkomponente* spiegelt die langfristige systematische Veränderung des mittleren Niveaus der Zeitreihe wider.
Die *Saisonkomponente* zeigt zyklische Schwankungen auf, die sich also in regelmäßigen Abständen wiederholen.
Die *Restkomponente* entspricht dem durch Trend- und Saisonkomponente nicht erfassten Teil.

Man unterscheidet prinzipiell zwei Arten, wie diese Komponenten miteinander wirken können:
Entweder addieren sie sich und ergeben damit die Daten; das entspricht dem additiven Komponentenmodell. Oder ihr Produkt ergibt die Daten, dann wird das multiplikative Komponentenmodell angewandt.

(I) *Additives Komponentenmodell:*

$$x_t \quad = \quad \underbrace{\hat{x}_t}_{\text{Trend}} \quad + \quad \underbrace{s_t}_{\text{Saison}} \quad + \quad \underbrace{z_t}_{\text{Rest}}$$

Die trendbereinigte Zeitreihe entsteht als Differenz der Zeitreihe und des Trends: $x_t - \hat{x}_t$

Die saisonbereinigte Zeitreihe ist die Differenz aus Zeitreihe und Saisonkomponente: $x_t - s_t$

Wenn keine Saisonbeiträge zu erwarten sind, reduziert sich das Modell auf die Darstellung $x_t = \hat{x}_t + z_t$.

Beispiele:
Monatliche/vierteljährliche Indexreihen
Absatz saisonal schwankender Waren (z. B. Marzipankugeln)

Beispiel:
Zerlegung einer Zeitreihe in ihre Komponenten:

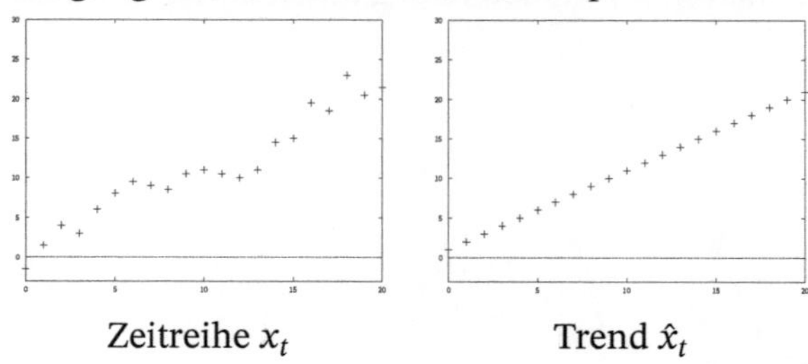

Zeitreihe x_t Trend $\hat{x}_t$

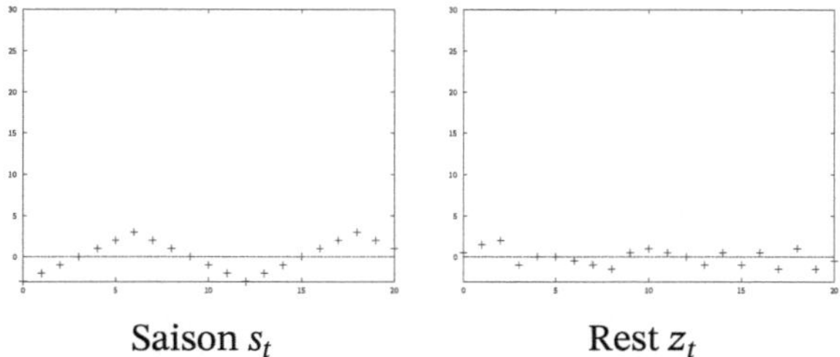

Saison s_t Rest z_t

(II) *Multiplikatives Komponentenmodell:*

$$x_t = \underbrace{\hat{x}_t}_{\text{Trend}} \cdot \underbrace{s_t}_{\text{Saison}} \cdot \underbrace{z_t}_{\text{Rest}}$$

Wenn keine Saisonbeiträge zu erwarten sind, reduziert sich das Modell auf die Darstellung $x_t = \hat{x}_t \cdot z_t$.

Logarithmieren ergibt wieder ein additives Komponentenmodell:

$$\underset{w_t}{\log_{10}(x_t)} = \underbrace{\log_{10}(\hat{x}_t)}_{\hat{w}_t} + \underbrace{\log_{10}(s_t)}_{\tilde{s}_t} + \underbrace{\log_{10}(z_t)}_{\tilde{z}_t}$$

Beispiel:
Adrenalinabbau in der Leber
Hierbei entstehen keine saisonalen Schwankungen.

Beispiel:
Zerlegung einer Zeitreihe in ihre Komponenten:

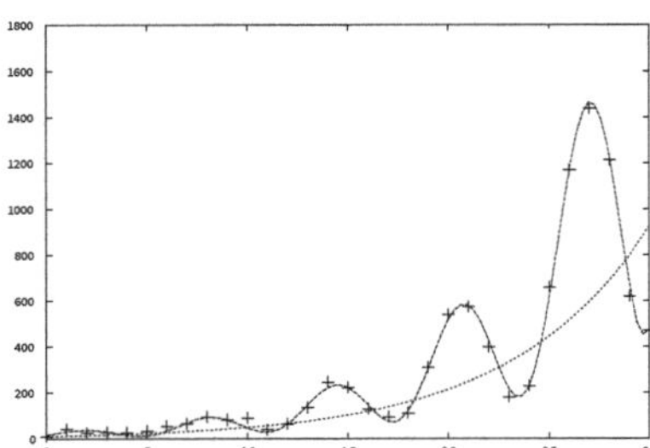

Datenpunkte sind mit einem Kreuz + gekennzeichnet.

Die Trendkomponente ist die Exponentialfunktion $\hat{x}_t = 1.05^{3t+50}$; sie ist zunächst flach und steigt dann stärker an.

Die gesamte Modellfunktion steigt und fällt zunächst leicht und dann immer stärker; sie entsteht durch Multiplikation der Trendfunktion mit einer periodisch schwankenden Funktion:

$x_t = \hat{x}(t) \cdot s_t = 1.05^{3t+50} \cdot (\sin(t) + 1.5)$

4.3 Schätzung von Komponenten

4.3.1 Trendkomponenten

4.3.1.1. Glättung mittels gleitender Durchschnitte

Bei der Glättung einer Zeitreihe $(x_1, x_2, \ldots, x_T)$ mittels zentrierter gleitender Durchschnitte wird jedem Zeitpunkt der Durchschnitt der Werte seiner Umgebung zugeordnet. Man lässt also ein »Fenster« vorgegebener Grösse über die Daten gleiten; jeder Datenpunkt wird durch das arithmetische Mittel der Werte des Fensters ersetzt. Die Größe der gewählten Umgebung, das heißt die Anzahl der für den jeweils gebildeten Durchschnitt verwendeten Werte, heißt die Ordnung des Durchschnitts. Idealerweise stimmt die Ordnung mit der Periodenlänge überein.

Zentrierte gleitende Durchschnitte ungerader Ordnung:

Bei zentrierten gleitenden Durchschnitten ungerader Ordnung k wird jeder Messwert, für den das möglich ist, durch den Mittelwert $\overline{x}k_t$ aus diesem Messwert, seinen $\frac{k-1}{2}$ unmittelbaren Vorgängern und seinen $\frac{k-1}{2}$ unmittelbaren Nachfolgern ersetzt.

Beispiel:

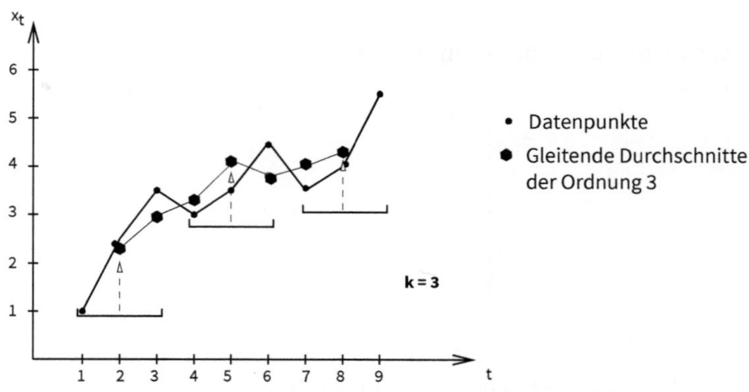

Beispiel:
Einkommensentwicklung

Jahr	Einkommen	gleitende Durchschnitte 3. Ordnung $\bar{x}3_t$ (gerundet)
1975	1000	-
1976	1045	$\frac{1000+1045+1045}{3} = 1030$
1977	1045	$\frac{1045+1045+1109}{3} = 1066$
1978	1109	$\frac{1045+1109+1150}{3} = 1101$
1979	1150	$\frac{1109+1150+1211}{3} = 1157$
1980	1211	$\frac{1150+1211+1287}{3} = 1216$
1981	1287	$\frac{1211+1287+1356}{3} = 1285$
1982	1356	$\frac{1287+1356+1400}{3} = 1348$
1983	1400	$\frac{1356+1400+1433}{3} = 1396$
1984	1433	$\frac{1400+1433+1464}{3} = 1432$
1985	1464	$\frac{1433+1464+1461}{3} = 1453$
1986	1461	-

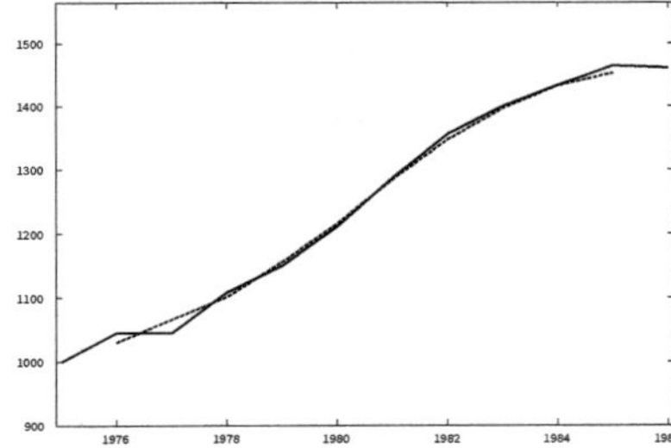

Die gleitenden Durchschnitte ergeben die »geradere« Linie.

In Formeln:

$$\overline{x}k_t = \frac{1}{k} \cdot \underbrace{\sum_{i=t-\frac{k-1}{2}}^{t+\frac{k-1}{2}} x_i}_{k \text{ Summanden um } x_t \text{ herum}}$$

Iterative Berechnung für $t = \frac{k+1}{2}, \ldots, T - \frac{k-1}{2} - 1$:

$$\begin{aligned} \overline{x}k_{t+1} &= \overline{x}k_t + \frac{1}{k} \cdot \left(x_{t+\frac{k+1}{2}} - x_{t-\frac{k-1}{2}} \right) \\ &= \text{voriger Durchschnitt, korrigiert um zusätzlichen und} \\ &\quad \text{wegzulassenden Wert} \end{aligned}$$

Beispiel:
Einkommensentwicklung

Jahr	Einkommen	gleitende Durchschnitte 3. Ordnung $\bar{x}3_t$
1975	1000	
1976	1045	$\frac{1000+1045+1045}{3} = 1030$
1977	1045	$\frac{1045+1045+1109}{3} = 1066$
		$= 1030 + \frac{1}{3} \cdot (1109 - 1000)$
1978	1109	

Zentrierte gleitende Durchschnitte gerader Ordnung:

Bei zentrierten gleitenden Durchschnitten gerader Ordnung k wird jeder Messwert, für den das möglich ist, durch den »Mittelwert« $\overline{x}k_t$ ersetzt, der entsteht, indem man ihn selbst, seine $\frac{k}{2}$ unmittelbaren Vorgänger und seine $\frac{k}{2}$ unmittelbaren Nachfolger benutzt, dabei aber die jeweils äußeren dieser Messwerte nur zur Hälfte wertet und die entstehende Summe durch k teilt.

Beispiel:

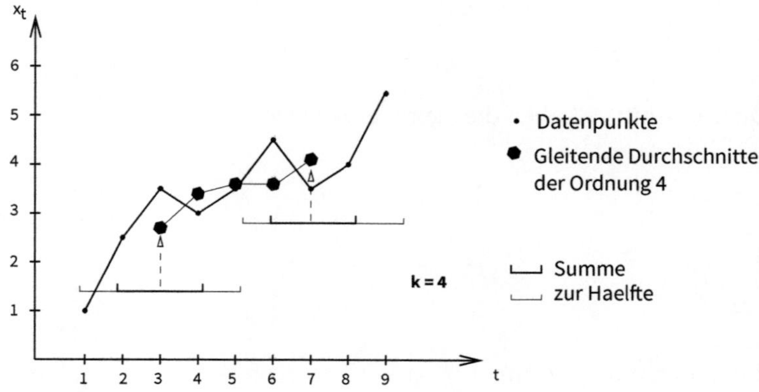

Beispiel:
Einkommensentwicklung

Jahr	Einkommen	gleitende Durchschnitte 4. Ordnung $\bar{x}4_t$
1975	1000	-
1976	1045	-
1977	1045	$\frac{1}{4}\cdot\left(\frac{1000}{2}+1045+1045+1109+\frac{1150}{2}\right)=1069$
1978	1109	$\frac{1}{4}\cdot\left(\frac{1045}{2}+1045+1109+1150+\frac{1211}{2}\right)=1108$
1979	1150	$\frac{1}{4}\cdot\left(\frac{1045}{2}+1109+1150+1211+\frac{1287}{2}\right)=1159$
1980	1211	$\frac{1}{4}\cdot\left(\frac{1109}{2}+1150+1211+1287+\frac{1356}{2}\right)=1220$
1981	1287	$\frac{1}{4}\cdot\left(\frac{1150}{2}+1211+1287+1356+\frac{1400}{2}\right)=1282$
1982	1356	$\frac{1}{4}\cdot\left(\frac{1211}{2}+1287+1356+1400+\frac{1433}{2}\right)=1341$
1983	1400	$\frac{1}{4}\cdot\left(\frac{1287}{2}+1356+1400+1433+\frac{1464}{2}\right)=1391$
1984	1433	$\frac{1}{4}\cdot\left(\frac{1356}{2}+1400+1433+1464+\frac{1461}{2}\right)=1426$
1985	1464	-
1986	1461	-

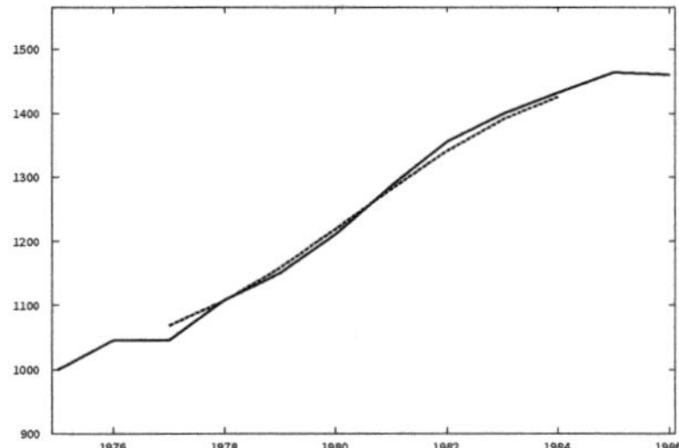

Die gleitenden Durchschnitte ergeben die »geradere« Linie.

In Formeln:

$$\overline{x}k_t = \frac{1}{k}\cdot\left(\underbrace{\frac{1}{2}x_{t-\frac{k}{2}} + \sum_{i=t-\frac{k}{2}+1}^{t+\frac{k}{2}-1} x_i + \frac{1}{2}x_{t+\frac{k}{2}}}_{\text{innere } k-1 \text{ Werte + Hälfte der äußeren Werte}}\right)$$

Iterative Berechnung für $t = \frac{k}{2} + 1, \dots, T - \frac{k}{2} - 1$:

$$\overline{x}k_{t+1} = \overline{x}k_t + \frac{1}{2k} \cdot \left(x_{t+\frac{k}{2}+1} + x_{t+\frac{k}{2}} - x_{t-\frac{k}{2}+1} - x_{t-\frac{k}{2}} \right)$$

= voriger Durchschnitt, korrigiert um zusätzlichen und wegzulassenden Wert

Beispiel:
Einkommensentwicklung

Jahr	Einkommen	gleitende Durchschnitte 4. Ordnung $\bar{x}4_t$
1977	1045	1069
1978	1109	$1108 = 1069 + \frac{1}{8} \cdot (1211 + 1150 - 1045 - 1000)$

Nachlaufende gleitende Durchschnitte

Im Bankenwesen werden auch gleitende Durchschnitte etwa von Kursen berechnet, die nur Ergebnisse bis zu dem jeweiligen Zeitpunkt berücksichtigen, damit man schauen kann, ob die Kurse vermutlich steigen oder fallen werden:

Zu einer beliebigen Ordnung k berechnet man für jeden Zeitpunkt t, zu dem das möglich ist, das arithmetische Mittel der Kurse der letzten k Zeitpunkte bis einschließlich t.

In Formeln:

$$\overline{x}k_t = \frac{1}{k} \cdot \underbrace{\sum_{i=t-k+1}^{t} x_i}_{k \text{ Summanden bis einschließlich } x_t}$$

Beispiel:
Folgende Kursentwicklung eines Wertpapiers wurde beobachtet:

98 99 100 98 100 101 100 102

Bestimmen Sie die nachlaufenden gleitenden Durchschnitte der Ordnungen 3 und 4.

Lösung:

Kurs	98	99	100	98	100	101	100	102
Ordnung 3			99	99	$99.\bar{3}$	$99.\bar{6}$	$100.\bar{3}$	101
Ordnung 4				98.75	99.25	99.75	99.75	100.75

4.3.1.2. Trendfunktion

(I) *Additives Modell* $x_t = \hat{x}_t + s_t + z_t$

Beim additiven Modell geht man davon aus, dass die einzelnen Komponenten in ihrer Summe die Daten ergeben. Die Trendkomponente wird als linear angenommen, das heißt, die Trendkomponente wächst oder fällt zwischen zwei aufeinanderfolgenden Zeitpunkten immer um denselben Betrag:

$$\hat{x}_t = a + b \cdot t$$

$$\hat{x}_{t+1} - \hat{x}_t = a + b \cdot (t+1) - (a + b \cdot t) = b$$

Die Trendfunktion ist daher die Regressionsgerade, ihre Parameter werden durch die Methode der »kleinsten Quadrate« aus den Daten bestimmt: Die Summe der vertikalen Abstandsquadrate

$\sum_{t=1}^{n} (x_t - \hat{x}_t)^2 = \sum_{t=1}^{n} (x_t - (a + b \cdot t))^2$ wird minimiert.

Die Parameter der Trendgeraden werden entsprechend der linearen Regression berechnet:

$$b = \frac{s_{tx}}{s_t^2} = \frac{\sum_{t=1}^{n}(x_t-\overline{x})\cdot(t-\overline{t})}{\sum_{t=1}^{n}(t-\overline{t})^2}$$

$$a = \overline{x} - b \cdot \overline{t}$$

$$\hat{x}_t = a + b \cdot t$$

Beispiel:

t	x_t
0	2
1	6
2	10
3	11
4	15
5	19

$\bar{t} = 2.5$

$\bar{x} = 10.5$

$\hat{s}_t^2 = 2.917$

$\hat{s}_x^2 = 30.917$

$\hat{s}_{tx} = 9.417$

$r_{tx} = 0.99$

$b = 3.23$

$a = 2.43$

$\hat{x}_t = 2.43 + 3.23 \cdot t$

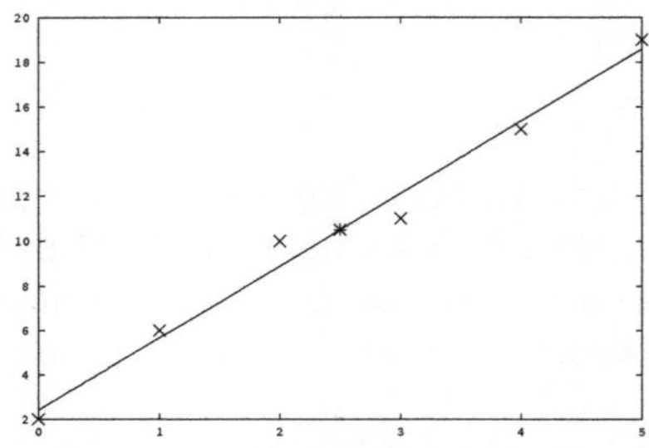

(II) *Multiplikatives Modell* $x_t = \hat{x}_t \cdot s_t \cdot z_t$

Beim multiplikativen Modell ist der Ansatz, dass das Produkt der Komponenten die Daten ergibt. Die Trendkomponente wird als exponentiell angenommen; der Anteil, um den die Trendkomponente zwischen zwei aufeinanderfolgenden Zeitpunkten wächst, ist konstant:

$$\frac{\hat{x}_{t+1}}{\hat{x}_t} = \frac{a \cdot b^{t+1}}{a \cdot b^t} = b$$

Die Trendfunktion ist die exponentielle Regressionsfunktion $\hat{x}_t = a \cdot b^t$. Ihre Parameter werden wie folgt berechnet:

(1) Die Zeitreihe wird logarithmiert, etwa zur Basis 10.

$w_t = \log_{10}(x_t) = \log_{10}(\hat{x}_t) + \log_{10}(s_t) + \log_{10}(z_t)$ sei die logarithmierte Zeitreihe.

(2) Für die logarithmierte Zeitreihe wird die lineare Trendfunktion ermittelt. Ihre Parameter sind

$$\tilde{b} = \frac{\sum_{t=1}^{n}(w_t - \overline{w}) \cdot (t - \overline{t})}{\sum_{t=1}^{n}(t - \overline{t})^2},$$

$$\tilde{a} = \overline{w} - \tilde{b} \cdot \overline{t}$$

Daraus entsteht die Trendgerade der logarithmierten Daten als $\hat{w}_t = \tilde{a} + \tilde{b} \cdot t$.

(3) Die Trendfunktion der Urdaten entsteht aus der Trendgerade der logarithmierten Daten, indem man das Logarithmieren rückgängig macht:

$$a = 10^{\tilde{a}}$$

$$b = 10^{\tilde{b}}$$

$$\hat{x}_t = 10^{\tilde{a}} \cdot \left(10^{\tilde{b}}\right)^t = 10^{\tilde{a} + \tilde{b} \cdot t}$$

Beispiel:

t	x_t
0	3
1	6
2	9
3	54
4	243
5	486

t	x_t	$w_t = \log_{10}(x_t)$
0	3	0.477
1	6	0.778
2	9	0.954
3	54	1.732
4	243	2.386
5	486	2.687

Regression der logarithmierten Daten:

$\bar{t} = 2.5$ $\quad \bar{w} = 1.502$

$\hat{s}_t^2 = 2.917$ $\quad \hat{s}_w^2 = 0.6853$

$\hat{s}_{tw} = 1.387$ $\quad r_{tw} = 0.981$

$\tilde{b} = 0.476$ $\quad \tilde{a} = 0.313$

$$\hat{w}_t = 0.313 + 0.476 \cdot t$$

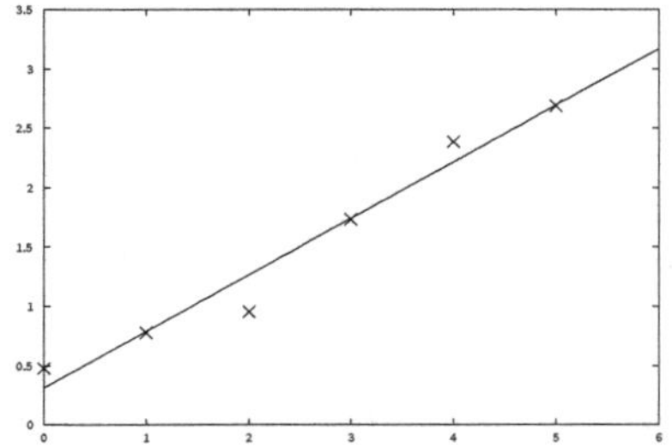

Rücktransformation:

$$\hat{x}_t = 10^{\tilde{a}+\tilde{b}\cdot t} = a \cdot b^t = 2.056 \cdot 2.992^t$$

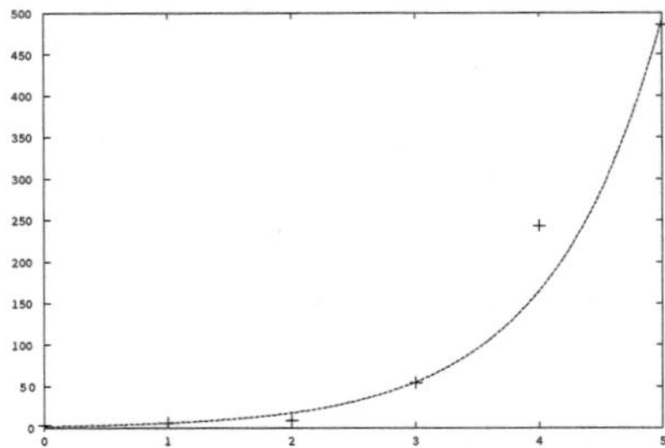

4.3.2 Saisonkomponenten

Es wird nun angenommen, dass der Zeitreihe eine konstante Saisonfigur mit fester Periodizität zugrundeliegt. Es gibt Perioden $p = 1, \dots, P$, von denen jede weiter in Unterperioden $j = 1, \dots, k$ unterteilt wird.
Etwa für Quartalsdaten könnte das wie folgt aussehen:

Beispiel:
Konstante Saisonfigur:

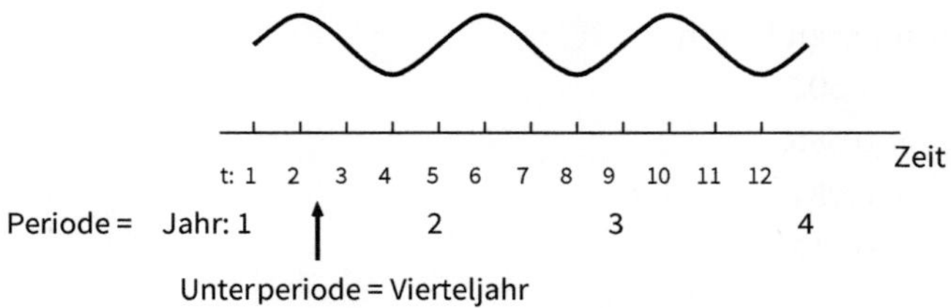

(I) *Additives Modell:*
Zu jeder Unterperiode wird die Saisonkomponente als mittlere Abweichung der Daten von der Trendgeraden aufgefasst:

(1) Zunächst werden die Daten $x_t, t = 1, \dots, T$ tabellarisch dargestellt: Jeweils eine Zeile entspricht einer Periode, jede Spalte entspricht einer Unterperiode. t ist die fortlaufende Zählung aller Unterperioden (vgl. Abbildung).

(2) Die Trendgerade $\hat{x}_t$ wird bestimmt.
Damit wird die entsprechende Tabelle der Trendschätzungen $\hat{x}_t, t = 1, \dots, T$, aufgeteilt in Perioden (Zeilen) und Unterperioden (Spalten), erstellt.

(3) Aus diesen beiden Tabellen bestimmt man die Tabelle der Differenzen $x_t - \hat{x}_t$.

(4) In dieser Tabelle der trendbereinigten Daten wird über jede j-te Spalte gemittelt. Dieser Mittelwert der Differenzen zwischen Urdaten und

Trenddaten wird jeweils als Schätzung der Saisonkomponente s_j der j-ten Unterperiode verwendet.

(5) Im Modell für Prognosen werden die Trendgerade und die Saisonschätzungen addiert: Für weitere Zeitpunkte $t > T$ definiert man $x_t = \hat{x}_t + s_t$ beziehungsweise $x_{p,j} = \hat{x}_{p,j} + s_j$, wenn man die Daten nach Perioden p und Unterperioden j ordnet.
Hierbei können die Zeitpunkte mittels der Formel $t = (p-1) \cdot k + j$ (k ist die Anzahl der Unterperioden) ineinander umgerechnet werden.

Im Fall von Quartalsdaten entsprechen die Perioden den Jahren, Unterperioden entsprechen Quartalen. Man erstellt Tabellen mit 4 Spalten:

	Quartal			
Jahr	$j=1$	$j=2$	$j=3$	$j=4$
$p=1$	x_1	x_2	x_3	x_4
$p=2$	x_5	x_6	x_7	x_8
$p=3$	x_9	x_{10}	x_{11}	x_{12}
$p=4$	x_{13}	x_{14}	x_{15}	x_{16}
$p=5$	x_{17}	x_{18}	x_{19}	x_{20}
$\vdots$				

Im Fall von monatlichen Daten entsprechen die Perioden ebenfalls den Jahren, die Unterperioden entsprechen Monaten, Tabellen mit 12 Spalten werden erstellt.

Beispiel:

	Quartal			
Jahr	$j=1$	$j=2$	$j=3$	$j=4$
1	2	3	4	7
2	10	11	12	15
3	18	19	20	23
4	26	27	28	31
5	34	35	36	39

Es wird angenommen, dass pro Quartal die Saisoneinflüsse konstant sind. Das heißt, es werden vier Saisonkomponenten

$s_1 = s_5 = s_9 = s_{13} = s_{17}$, $s_2 = s_6 = s_{10} = s_{14} = s_{18}$,
$s_3 = s_7 = s_{11} = s_{15} = s_{19}$, $s_4 = s_8 = s_{12} = s_{16} = s_{20}$

ermittelt.

(1) *Daten*

	Quartal			
Jahr	$j = 1$	$j = 2$	$j = 3$	$j = 4$
1	2	3	4	7
2	10	11	12	15
3	18	19	20	23
4	26	27	28	31
5	34	35	36	39

(2) *Trend:* lineare Regression:
$\hat{x}_t = -0.84 + 1.98 \cdot t$

	Quartal			
Jahr	$j = 1$	$j = 2$	$j = 3$	$j = 4$
1	1.14	3.13	5.11	7.10
2	9.08	11.07	13.05	15.04
3	17.02	19.01	20.99	22.98
4	24.96	26.95	28.93	30.92
5	32.90	34.89	36.87	38.86

(3) *Trendbereinigte Daten*

	Quartal			
Jahr	$j = 1$	$j = 2$	$j = 3$	$j = 4$
1	0.86	−0.13	−1.11	−0.1
2	0.92	−0.07	−1.05	−0.04
3	0.98	−0.01	−0.99	0.02
4	1.04	0.05	−0.93	0.08
5	1.1	0.11	−0.87	0.14

(4) *Mittelung pro Quartal*: Schätzung der Saisonkomponenten

	Quartal			
Jahr	$j = 1$	$j = 2$	$j = 3$	$j = 4$
Mittelwert s_j	0.98	−0.008	−0.99	0.02

(II) *Multiplikatives Modell:*
Beim multiplikativen Modell logarithmiert man zunächst die Daten, sodass man ein additives Modell erhält:

$$x_t = \hat{x}_t \cdot s_t \cdot z_t \qquad | \ \log_{10}$$
$$w_t = \log_{10} x_t = \log_{10} \hat{x}_t + \log_{10} s_t + \log_{10} z_t$$

Für die logarithmierten Daten ermittelt man die Trendgerade und die Saisonkomponenten.

Anschließend bildet man die Trendkomponente der Urdaten, indem man die Trendgerade der logarithmierten Daten als Potenz zur Basis des gewählten Logarithmus benutzt: $\hat{x}_t = 10^{\hat{w}_t}$.

Die Saisonkomponenten der Urdaten werden analog gebildet, indem man die geschätzten Saisonkomponenten der logarithmierten Daten als Potenzen zur Basis des gewählten Logarithmus benutzt:

$s_j = 10^{\text{logarithmierte Saisonkomponente}_j}$.

Für Prognosen wird jeweils die Trendkomponente mit der der Unterperiode entsprechenden Saisonkomponente multipliziert:

$x_t = \hat{x}_t \cdot s_t = 10^{\hat{w}_t + \text{logarithmierte Saisonkomponente}_t}$ bzw.

$x_{p,j} = \hat{x}_{p,j} \cdot s_j = 10^{\hat{w}_{p,j} + \text{logarithmierte Saisonkomponente}_j}$.

Beispiel:

	Quartal			
Jahr	$j = 1$	$j = 2$	$j = 3$	$j = 4$
2000	2.4	3.2	7.2	6.4
2001	12.0	9.6	16.8	12.8
2002	21.6	16.0	26.4	19.2

(1) *logarithmierte Daten*, hier mittels $\log_{10}$

	Quartal			
Jahr	$j = 1$	$j = 2$	$j = 3$	$j = 4$
2000	0.38	0.51	0.86	0.81
2001	1.08	0.98	1.23	1.11
2002	1.33	1.20	1.42	1.28

(2) *Trend:* lineare Regression:

$\hat{w}_t = 0.48 + 0.08 \cdot t$

	Quartal			
Jahr	$j = 1$	$j = 2$	$j = 3$	$j = 4$
2000	0.56	0.64	0.73	0.81
2001	0.89	0.97	1.06	1.14
2002	1.22	1.30	1.39	1.47

(3) *Trendbereinigte Daten*

Jahr	Quartal $j = 1$	$j = 2$	$j = 3$	$j = 4$
2000	−0.18	−0.14	0.13	−0.003
2001	0.19	0.008	0.17	−0.03
2002	0.11	−0.10	0.04	−0.19

(4) *Mittelung pro Quartal*

Mittelwert	0.04	−0.08	0.11	−0.07

Saisonkomponenten der Urdaten: $10^{\text{Mittelwerte}}$

	1.10	0.84	1.29	0.84

4.3.3 Prognosen

Beim Modellieren einer Zeitreihe $(x_1, x_2, \dots, x_T)$ wird angenommen, dass die Restkomponenten vernachlässigbar sind. Für die Prognose von Werten $\hat{x}_t$ mit Zeiten $t > T$ jenseits des Endzeitpunkts der erhobenen Daten nutzt man sowohl beim additiven Komponentenmodell als auch beim multiplikativen Komponentenmodell die Trendfunktion und die Saisonkomponenten:

$$x_t = \hat{x}_t + s_t$$

$$x_t = \hat{x}_t \cdot s_t = 10^{\hat{w}_t + \text{logarithmierte Saisonkomponente}_t}$$

An Beispielen:

(I) Additives Modell S. 143, mit $T = 20$

Trend $\hat{x}_t = -0.84 + 1.98 \cdot t$

Saisonbeiträge $s_1 = 0.98$ $\quad s_2 = -0.008$

$s_3 = -0.99$ $\quad s_4 = 0.02$

$$x_{22} = -0.84 + 1.98 \cdot 22 - 0.008 = 42.71$$

(II) Multiplikatives Modell S. 145, mit $T = 12$

Trend $\hat{x}_t = 10^{0.48+0.08 \cdot t}$

Saisonbeiträge $s_1 = 1.10$ $\quad s_2 = 0.84$

$s_3 = 1.29$ $\quad s_4 = 0.84$

$$x_{15} = 10^{\,0.48+0.08 \cdot 15} \cdot 1.29 = 61.74$$

Bemerkung:
Wenn man keine regelmäßigen Schwankungen annehmen kann, wird nur die Trendkomponente berechnet.
Die Trendkomponente wird dann allein benutzt, um Prognosen zu erstellen.

4.4 Rezeptartige Lösungswege

Aufgabe: Zeitreihen verstehen
Zeitreihen als zeitlich aufeinanderfolgende Beobachtungen eines Merkmals bilden eine besondere Art zweidimensionaler Daten: Die Zeit ist zwangläufig eine unabhängige Variable, den Messwerten unterstellt man eine zeitabhängige Entwicklung. Da das Messen zeitlicher Entwicklungen immer Zufallselemente enthält, ist ein erstes Ziel, die Zeitreihe zu glätten, indem Zufallseinflüsse durch einen Mittelungsprozess verringert werden. Man bildet sogenannte gleitende Durchschnitte: Ein Fenster vorgegebener Breite gleitet über die Daten. Bei zentrierten gleitenden Durchschnitten liegt der Datenpunkt in der Mitte des Fensters, bei nachlaufenden gleitenden Durchschnitten liegt er am rechten Rand. Der Datenpunkt wird jeweils durch das arithmetische Mittel der Werte im Fenster ersetzt. Bei zentrierten gleitenden Durchschnitten gerader Ordnung werden dabei die Randwerte des Fensters zur Hälfte genommen.

Von Interesse ist dann, ob es einen starken Zusammenhang einer Größe zum Zeitverlauf gibt, ob sich eine Größe im Wesentlichen proportional zur verstreichenden Zeit entwickelt oder ob sie etwa exponentiell mit der Zeit ansteigt oder abfällt. Im ersten Fall spricht man vom additiven, im zweiten vom multiplikativen Modell. Darüber hinaus können zeitabhängige Größen regelmäßigen saisonalen Schwankungen unterliegen, die getrennt vom prinzipiell unterliegenden Trend der Datenentwicklung erfasst werden sollen. Dann zerlegt man die Zeitreihe in eine Trendkomponente, eine Saisonkomponente und einen irregulären Rest.

Aufgabe: Gleitende Durchschnitte einer Zeitreihe ermitteln
Gegeben: Daten $((t_1, x_1), \dots, (t_n, x_n))$
Gesucht: Gleitende Durchschnitte der Ordnung k

Lösungsweg:

(a) Im Fall zentrierter gleitender Durchschnitte:

Falls k eine ungerade Zahl ist:

Zu jedem Zeitpunkt i, zu dem das möglich ist, wird der Datenpunkt x_i ersetzt durch das arithmetische Mittel der k Datenpunkte seiner unmittelbaren Umgebung, das heißt man nutzt $\frac{k-1}{2}$ Datenpunkte unmittelbar vor x_i, außerdem x_i und $\frac{k-1}{2}$ Datenpunkte unmittelbar nach x_i.

Falls k eine gerade Zahl ist:

Zu jedem Zeitpunkt i, zu dem das möglich ist, wird der Datenpunkt x_i ersetzt durch das arithmetische Mittel, gebildet aus den $k-1$ Datenpunkten seiner unmittelbaren Umgebung und jeweils der Hälfte der beiden Datenpunkte direkt vorausgehend bzw. anschließend. Da es sich um $k - 1 + \frac{2}{2}$ Datenpunkte handelt, wird bei der Mittelwertbildung durch k geteilt, obwohl $k+1$ Datenpunkte beteiligt sind.

(b) Im Fall nachlaufender gleitender Durchschnitte:

Zu jedem Zeitpunkt i, zu dem das möglich ist, wird der Datenpunkt x_i ersetzt durch das arithmetische Mittel aus den $k-1$ Datenpunkte unmittelbar vor x_i und x_i.

s. Aufgabe 4.1, S. 151 | s. Aufgabe 4.2, S. 151

Aufgabe: Zeitreihenanalyse, additives Komponentenmodell ohne Saisonkomponente

Gegeben: Daten $((t_1, x_1), \dots, (t_n, x_n))$

Gesucht:

(a) Trendfunktion
(b) Prognose
(c) Restkomponente, wenn für einen Zeitpunkt der tatsächliche Wert und die Prognose bekannt sind

Lösungsweg:

(a) Trendfunktion = Regressionsgerade
(b) Daten zwischen den gemessenen Zeitpunkten oder in Fortführung der Zeitreihe werden geschätzt als Wert der Trendfunktion zu diesem Zeitpunkt.
(c) $x_t = \hat{x}_t + z_t$ hat zur Folge, dass die Restkomponente z_t gleich der Differenz aus tatsächlichem Wert und Prognose ist.

s. Aufgabe 4.3, S. 151

Aufgabe: Zeitreihenanalyse, multiplikatives Komponentenmodell ohne Saisonkomponente

Gegeben: Daten $((t_1, x_1), \dots, (t_n, x_n))$

Gesucht:

(a) Trendfunktion
(b) Prognose
(c) Restkomponente, wenn für einen Zeitpunkt der tatsächliche Wert und die Prognose bekannt sind

Lösungsweg:

(a) Trendfunktion = Regressionsfunktion bei exponentiellem Zusammenhang
(b) Daten zwischen den gemessenen Zeitpunkten oder in Fortführung der Zeitreihe werden geschätzt als Wert der Trendfunktion zu diesem Zeitpunkt.
(c) $x_t = \hat{x}_t \cdot z_t$ hat zur Folge, dass die Restkomponente z_t gleich dem Quotienten aus tatsächlichem Wert und Prognose ist.

s. Aufgabe 4.3, S. 151

Aufgabe: Zeitreihenanalyse, additives Komponentenmodell mit Saisonkomponente

Gegeben: Daten $((t_1, x_1), \dots, (t_n, x_n))$

Gesucht:

(a) Trendfunktion
(b) Saisonkomponente
(c) Prognose
(d) Restkomponente, wenn für einen Zeitpunkt tatsächlicher Wert, Prognose und Saisonkomponente bekannt sind

Lösungsweg:

(a) Trendfunktion = Regressionsgerade
(b) Formel 3.2.2 in Formelsammlung
Für jede Saison wird die Saisonkomponente geschätzt durch den Mittelwert der trendbereinigten Daten zu dieser Saison.
(c) Daten in Fortführung der Zeitreihe werden geschätzt als Summe aus Trendfunktion und Saisonkomponente zu diesem Zeitpunkt.
(d) $x_t = \hat{x}_t + s_t + z_t$ hat zur Folge, dass die Restkomponente z_t gleich der Differenz aus tatsächlichem Wert und der Summe aus Prognose und Saisonkomponente ist.

s. Aufgabe 4.4, S. 152

Aufgabe: Zeitreihenanalyse, multiplikatives Komponentenmodell mit Saisonkomponente

Gegeben: Daten $((t_1, x_1), \dots, (t_n, x_n))$

Gesucht:

(a) Trendfunktion
(b) Saisonkomponenten
(c) Prognose
(d) Restkomponente, wenn für einen Zeitpunkt tatsächlicher Wert, Prognose und Saisonkomponente bekannt sind

Lösungsweg:

(a) Trendfunktion = Regressionsfunktion bei exponentiellem Zusammenhang
(b) Formel 3.3.2
Für jede Saison wird zunächst für die logarithmierten Daten (etwa mittels Zehnerlogarithmus) die Saisonkomponente geschätzt wie oben.
Dann: Schätzung der Saisonkomponente der ursprünglichen Daten = $10^{\text{Saisonkomponente der logarithmierten Daten}}$
(c) Daten in Fortführung der Zeitreihe werden geschätzt als Produkt aus Trendfunktion und Saisonkomponente zu diesem Zeitpunkt.

(d) $x_t = \hat{x}_t \cdot s_t \cdot z_t$ hat zur Folge, dass die Restkomponente z_t gleich dem Quotienten aus tatsächlichem Wert und dem Produkt aus Prognose und Saisonkomponente ist.

s. Aufgabe 4.5, S. 152

4.5 Übungsaufgaben

Gleitende Durchschnitte

Aufgabe 4.1
Gegeben sei folgende Zeitreihe:

t	x_t
1	1
2	2.5
3	3.5
4	3
5	3.5
6	4.5
7	3.5
8	4
9	5.5

(a) Berechnen Sie die zentrierten gleitenden Durchschnitte 3. und 4. Ordnung.
(b) Fertigen Sie die zugehörigen Skizzen an.

Aufgabe 4.2
Ermitteln Sie zu der Zeitreihe

t	1	2	3	4	5	6	7	8
x_t	100	101	102	101	103	102	103	104

die nachlaufenden gleitenden Durchschnitte 4. Ordnung.

Trendfunktionen

Aufgabe 4.3
Folgende Werte einer Zeitreihe sind gegeben:

t	x_t
0	3
1	6
2	11
3	24
4	49
5	95

(a) Schätzen Sie die Trendfunktion unter Annahme eines additiven Modells.
(b) Berechnen Sie das Bestimmtheitsmaß, um festzustellen, wie gut die lineare Trendfunktion zu den Daten passt.

(c) Zeichnen Sie die Daten, Mittelwerte und die Trendfunktion.
(d) Schätzen Sie die Trendfunktion unter Annahme eines multiplikativen Modells.
(e) Berechnen Sie das Bestimmtheitsmaß der logarithmierten Daten, um festzustellen, wie gut die lineare Trendfunktion zu den Daten passt.
(f) Zeichnen Sie die logarithmierten Daten und deren Regressionsgerade. Zeichnen Sie die Daten und das multiplikative Trendmodell.

Aufgabe 4.4
Der Pro-Kopf-Verbrauch an Rotwein für zwei Jahre ($t = 1, 2, \dots, 8$) in einer geeigneten Einheit ist in folgender Tabelle festgehalten:

Quartal Jahr	1	2	3	4
2012	10	5	3	12
2013	12	6	4	14

(a) Schätzen Sie die lineare Trendfunktion.
(b) Schätzen Sie die Saisonkomponenten.
(c) Schätzen Sie den Pro-Kopf-Verbrauch für die Quartale des Jahres 2014.
(d) Zeichnen Sie die Zeitreihe zusammen mit der linearen Trendfunktion und den Prognosen.

Aufgabe 4.5
Der Pro-Kopf-Verbrauch an Rotwein für zwei Jahre ($t = 1, 2, \dots, 8$) in einer geeigneten Einheit ist in folgender Tabelle festgehalten:

Quartal	1	2	3	4
Jahr				
2012	10	5	3	12
2013	12	6	4	14

(a) Schätzen Sie die Trendfunktion unter Annahme eines multiplikativen Modells.
(b) Schätzen Sie die Saisonkomponenten.
(c) Schätzen Sie den Pro-Kopf-Verbrauch für die Quartale des Jahres 2014.

4.6 Lösungen

Lösung 4.1
Gegeben sei folgende Zeitreihe:

t	x_t
1	1
2	2.5
3	3.5
4	3
5	3.5
6	4.5
7	3.5
8	4
9	5.5

(a) Zentrierte gleitende Durchschnitte 3. Ordnung:

t	x_t	$\bar{x}3_t$
1	1	
2	2.5	$\frac{1+2.5+3.5}{3} = 2.33$
3	3.5	$\frac{2.5+3.5+3}{3} = 3.00$
4	3	$\frac{3.5+3+3.5}{3} = 3.33$
5	3.5	$\frac{3+3.5+4.5}{3} = 3.67$
6	4.5	$\frac{3.5+4.5+3.5}{3} = 3.83$
7	3.5	$\frac{4.5+3.5+4}{3} = 4.00$
8	4	$\frac{3.5+4+5.5}{3} = 4.33$
9	5.5	

Zentrierte gleitende Durchschnitte 4. Ordnung:

t	x_t	$\bar{x}4_t$
1	1	
2	2.5	
3	3.5	$\frac{\frac{1}{2}+2.5+3.5+3+\frac{3.5}{2}}{4} = 2.81$
4	3	$\frac{\frac{2.5}{2}+3.5+3++3.5+\frac{4.5}{2}}{4} = 3.38$
5	3.5	$\frac{\frac{3.5}{2}+3+3.5+4.5+\frac{3.5}{2}}{4} = 3.63$
6	4.5	$\frac{\frac{3}{2}+3.5+4.5+3.5+\frac{4}{2}}{4} = 3.75$
7	3.5	$\frac{\frac{3.5}{2}+4.5+3.5+4+\frac{5.5}{2}}{4} = 4.13$
8	4	
9	5.5	

(b) Skizze beider:

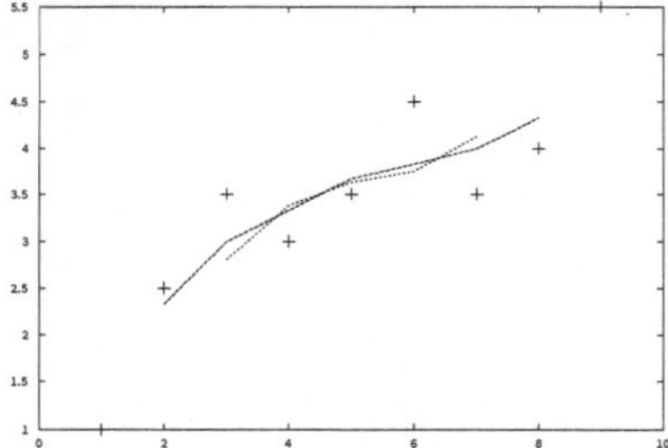

Lösung 4.2
Gegebene Zeitreihe und nachlaufende gleitende Durchschnitte 4. Ordnung:

Zeitpunkt	1	2	3	4	5	6	7	8
Datum	100	101	102	101	103	102	103	104
gleitender Durchschnitt 4. Ordnung				101.0	101.75	102.0	102.25	103.0

Lösung 4.3
Folgende Werte einer Zeitreihe sind gegeben:

t	x_t
0	3
1	6
2	11
3	24
4	49
5	95

(a) Trendfunktion unter Annahme eines additiven Modells:

$$\bar{t} = \frac{1}{n}\sum t_i = 2.5$$
$$\bar{x} = \frac{1}{n}\sum x_i = 31.33$$
$$\hat{s}_t^2 = \frac{1}{n}\sum(t_i-\bar{t})^2 = 2.92$$
$$\hat{s}_t = \sqrt{s_t^2} = 1.708$$
$$\hat{s}_{tx} = \frac{1}{n}\sum(t_i-\bar{t})(x_i-\bar{x}) = 50.1\bar{6}$$
$$b = \frac{\hat{s}_{tx}}{\hat{s}_t^2} = 17.2$$
$$a = \bar{x} - b\cdot\bar{t} = -11.67$$

(b) Bestimmtheitsmaß:

$$\hat{s}_x^2 = \frac{1}{n}\sum(x_i-\bar{x})^2 = 1046.\bar{2}$$
$$B = \frac{s_{tx}^2}{s_t^2\cdot s_x^2} = 0.825$$

Eine Gerade schmiegt sich recht gut in die Daten.

(c) Zeichnung:

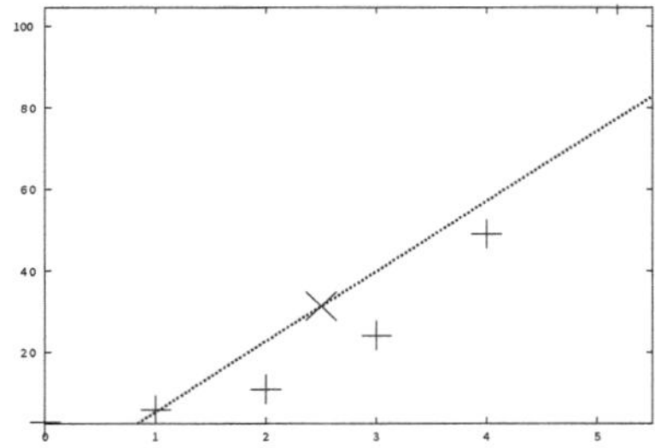

(d) Trendfunktion unter Annahme eines multiplikativen Modells:
Logarithmierte Zeitreihe mit $w_t = \log_{10}(x_t)$:

t	w_t
0	0.48
1	0.78
2	1.04
3	1.38
4	1.69
5	1.98

$$\begin{aligned}
\bar{t} &= \tfrac{1}{n}\textstyle\sum t_i &&= 2.5\\
\bar{w} &= \tfrac{1}{n}\textstyle\sum w_i &&= 1.22\\
s_t^2 &= \tfrac{1}{n}\textstyle\sum(t_i-\bar{t})^2 &&= 2.92\\
s_{tw} &= \tfrac{1}{n-1}\textstyle\sum(t_i-\bar{t})(w_i-\bar{w}) &&= 0.881\\
b &= \tfrac{s_{tw}}{s_t^2} &&= 0.302\\
a &= \bar{w}-b\cdot\bar{t} &&= 0.469\\
\hat{w}_t &= 0.469+0.302\cdot t,
\end{aligned}$$

Letzter Schritt:

$$\hat{x}_t = 10^{0.469+0.302\cdot t}$$

(e) Bestimmtheitsmaß:

$$\begin{aligned}
\hat{s}_w^2 &= \tfrac{1}{n}\textstyle\sum(w_i-\bar{w})^2 &&= 0.267\\
B &= \tfrac{s_{tw}^2}{s_t^2\cdot s_w^2} &&= 0.992
\end{aligned}$$

Eine Gerade schmiegt sich noch deutlich besser in die logarithmierten Daten.

(f) Zeichnungen:

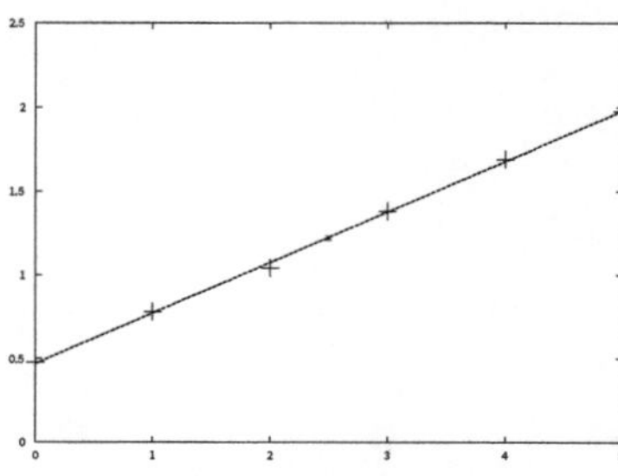

Linearisiertes Modell

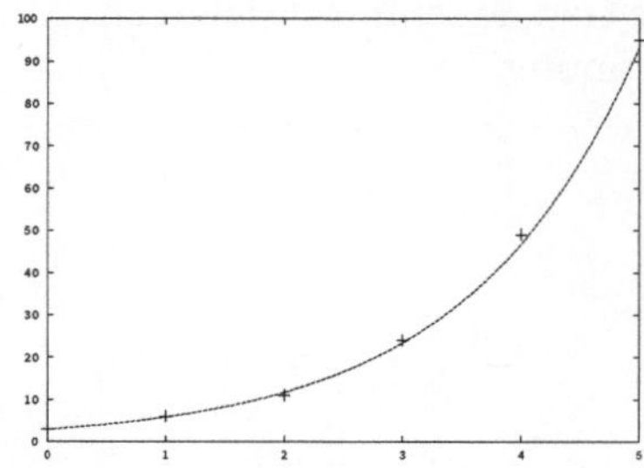

Originalmodell mit exponentiellem Trend

Lösung 4.4

Der Pro-Kopf-Verbrauch an Rotwein für zwei Jahre ($t = 1, 2, \dots, 8$) in einer geeigneten Einheit ist in folgender Tabelle festgehalten:

Quartal Jahr	1	2	3	4
2012	10	5	3	12
2013	12	6	4	14

(a) Ermittlung der linearen Trendfunktion:

$$\bar{t} = \frac{1+2+3+4+5+6+7+8}{8} = 36/8 = 4.5$$

$$\bar{x} = \frac{66}{8} = 8.25$$

$$s_t^2 = \frac{12.25+6.25+2.25+0.25+0.25+2.25+6.25+12.25}{7} = 6.0$$

$$s_{tx} = \frac{-6.125+8.125+7.875-1.875+1.875-3.375-10.625+20.125}{7}$$

$$= 2.286$$

$$b = \frac{s_{tx}}{s_t^2} = \frac{2.286}{6.0} = 0.38$$

$$a = \bar{x} - b \cdot \bar{t} = 6.54$$

$$\hat{x}_t = a + b \cdot t = 6.54 + 0.38 \cdot t$$

(b) Schätzung der Saisonkomponente:
Zunächst noch mal die Daten zu den Zeitpunkten $t = 1, \dots, 8$:

Quartal Jahr	1	2	3	4
2012	10	5	3	12
2013	12	6	4	14

Trendschätzungen: Zeitpunkte eingesetzt in $\hat{x}_t = 6.54 + 0.38 \cdot t$:

Quartal Jahr	1	2	3	4
2012	6.92	7.30	7.68	8.06
2013	8.44	8.82	9.20	9.58

Differenzen:

Quartal Jahr	1	2	3	4
2012	3.08	−2.30	−4.68	3.94
2013	3.56	−2.82	−5.20	4.42
Mittelwerte	3.32	−2.56	−4.94	4.18

(c) Resultierende Schätzungen für 2014:

Quartal Jahr	1	2	3	4
2014	$\hat{x}_9 + s_1$ $=$ $9.96 + 3.32$ $=$ 13.28	$\hat{x}_{10} + s_2$ $=$ $10.34 - 2.56$ $=$ 7.78	$\hat{x}_{11} + s_3$ $=$ $10.72 - 4.94$ $=$ 5.78	$\hat{x}_{12} + s_4$ $=$ $11.10 + 4.18$ $=$ 15.26

(d) Daten, Trendfunktion und Prognose für die Quartale 2014

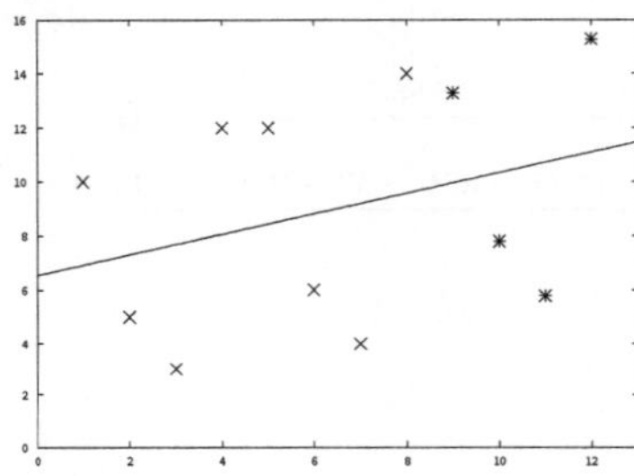

Lösung 4.5

Der Pro-Kopf-Verbrauch an Rotwein für zwei Jahre ($t = 1, 2, \dots, 8$) in einer geeigneten Einheit ist in folgender Tabelle festgehalten:

Quartal Jahr	1	2	3	4
2012	10	5	3	12
2013	12	6	4	14

Zur Basis 10 logarithmierte Daten $w_t = \log_{10}(x_t)$:

Quartal Jahr	1	2	3	4
2012	1.000	0.699	0.477	1.079
2013	1.079	0.778	0.602	1.146

(a) Ermittlung der Trendfunktion:

$$\bar{t} = \frac{1+2+3+4+5+6+7+8}{8} = 36/8 = 4.5$$

$$\bar{w} = \frac{6.861}{8} = 0.858$$

$$s_t^2 = \frac{12.25+6.25+2.25+0.25+0.25+2.25+6.25+12.25}{7} = 6.0$$

$$s_{tw} = \frac{-0.498+0.397+0.571+-0.111+0.111+-0.119+-0.639+1.010}{7}$$

$$= 0.103$$

$$\tilde{b} = \frac{s_{tw}}{s_t^2} = \frac{0.103}{6.0} = 0.017$$

$$\tilde{a} = \bar{w} - b \cdot \bar{t} = 0.780$$

$$\hat{w}_t = \tilde{a} + \tilde{b} \cdot t = 0.78 + 0.017 \cdot t$$

$$\hat{x}_t = 10^{0.78+0.017 \cdot t}$$

(b) Schätzung der Saisonkomponente:

Trendschätzungen: Zeitpunkte eingesetzt in $\hat{w}_t = 0.78 + 0.017 \cdot t$:

Quartal Jahr	1	2	3	4
2012	0.798	0.815	0.832	0.849
2013	0.866	0.883	0.900	0.918

Differenzen zu den Zahlen w_t:

Quartal Jahr	1	2	3	4
2012	0.202	−0.116	−0.355	0.230
2013	0.213	−0.105	−0.298	0.228
Mittelwerte	0.208	−0.110	−0.327	0.229

Resultierende Saisonschätzungen für die Originaldaten:

Quartal	1	2	3	4
Saisonschätzung	$10^{0.208}$	$10^{-0.110}$	$10^{-0.327}$	$10^{0.229}$

(c) Resultierende Schätzungen für 2014:

Quartal Jahr	1	2	3	4
2014	$\hat{x}_9 \cdot 10^{0.208}$ = $8.57 \cdot 10^{0.208}$ = 13.84	$\hat{x}_{10} \cdot 10^{-0.110}$ = $8.91 \cdot 10^{-0.110}$ = 6.92	$\hat{x}_{11} \cdot 10^{-0.327}$ = $9.27 \cdot 10^{-0.327}$ = 4.37	$\hat{x}_{12} \cdot 10^{0.229}$ = $9.64 \cdot 10^{0.229}$ = 16.33

(d) Daten, Trendfunktion und Prognose für die Quartale 2014:

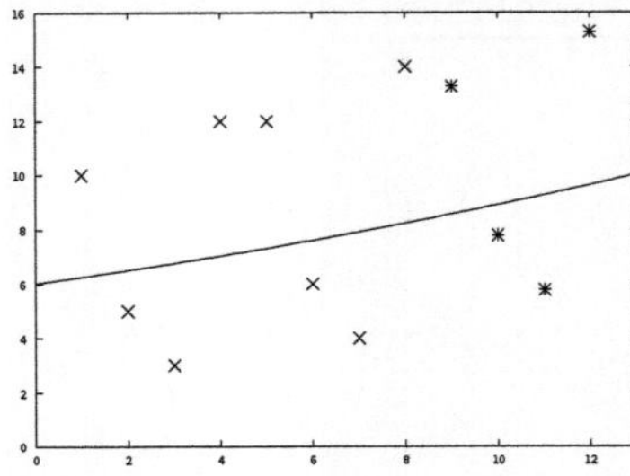

5 Konzentrationsmessung

Die Konzentrationsmessung dient dazu, Ungleichverteilungen etwa in einem bestimmten Markt, der Einkommens- oder der Vermögensverteilung aufzudecken. Konzentration liegt vor, wenn ein hoher Anteil des Gesamtbestands auf einen geringen Anteil der Teilnehmer entfällt.
Zur Feststellung von Konzentration gibt es die Möglichkeit, mittels der *Lorenzkurve* Anteilssummen der Teilnehmer gegen Anteilssummen der Daten aufzutragen. Ein Punkt der Lorenzkurve gibt zu einem Anteil der kleinsten Teilnehmer den zugehörigen Anteil der Gesamtsumme wieder. Der *Gini-Koeffizient G* ist dann ein geometrisches Maß für den Unterschied zur Gleichverteilung. Weitere Maße der Ungleichverteilung sind der *Herfindahl-Index* als Summe der quadrierten Anteile der Teilnehmer und die *Konzentrationsrate*, welche zu einer Teilnehmerzahl der größten Teilnehmer den zugehörigen Anteil an der Gesamtsumme berechnet.

Voraussetzungen zur Bestimmung von Konzentration sind, dass das Merkmal quantitativ ist und alle Beobachtungswerte positiv sind.

Beispiel:
Auswirkung der Einführung der Lkw-Maut auf die Marktanteile von Transportunternehmen, klassiert entsprechend ihrer Größe (Einmann-, kleine, mittlere, mittlere bis große, große, sehr große Unternehmen)

5.1 Lorenzkurve und Gini-Koeffizient

Der erste Schritt zur Ermittlung der Lorenzkurve ist, eine geordnete Messreihe $0 < x_{(1)} \leq \cdots \leq x_{(n)}$ zu erstellen.

Zur Berechnung von Anteilen und Anteilssummen benötigt man die Anzahl n der Daten und die Summe $\sum_{k=1}^{n} x_{(k)}$ der Daten.

Zur Erstellung der Lorenzkurve bietet es sich an, eine Tabelle aufzustellen:

x-Achse: $u_i = \frac{i}{n}$ Anteile an der Anzahl der Daten

Dies sind die Zahlen $\frac{1}{n}, \frac{2}{n}, \ldots, 1$.

Anteile: $p_i = \frac{x_{(i)}}{\sum_{k=1}^{n} x_{(k)}}$ Anteile an der Gesamtsumme

Dies sind die Zahlen $\frac{x_{(1)}}{\sum_{k=1}^{n} x_{(k)}}, \frac{x_{(2)}}{\sum_{k=1}^{n} x_{(k)}}, \ldots, \frac{x_{(n)}}{\sum_{k=1}^{n} x_{(k)}}$.

y-Achse: $v_i = \frac{\sum_{k=1}^{i} x_{(k)}}{\sum_{k=1}^{n} x_{(k)}}$ kumulierte Anteile an der Gesamtsumme

Dies sind die Zahlen $\frac{x_{(1)}}{\sum_{k=1}^{n} x_{(k)}}, \frac{x_{(1)}+x_{(2)}}{\sum_{k=1}^{n} x_{(k)}}, \dots, 1.$

Die Zahlen v_i heißen *Disparitätsraten*.

Beispiel:
Zehn Bevölkerungsgruppen leben in einem Land.
Die Anzahl der zugehörigen Personen in Millionen sind in der folgenden Tabelle angegeben:

Gruppe A_i	A_1	A_2	A_3	A_4	A_5	A_6	A_7	A_8	A_9	A_{10}
Personenzahl x_i	2.1	1.1	3.0	3.5	5.0	3.5	6.0	9.0	8.4	8.4

(a) Die geordnete Messreihe ist

1.1 2.1 3.0 3.5 3.5 5.0 6.0 8.4 8.4 9.0

(b) Zur Erstellung der Tabelle für die Lorenzkurve:

Anzahl der Messwerte: $n = 10$
Summe aller Messwerte: $\sum_{k=1}^{n} x_{(k)} = 50$

x-Achse:	u_i	$\frac{1}{10}$	$\frac{2}{10}$	$\frac{3}{10}$	...	1
Anteile:	p_i	$\frac{1.1}{50}$	$\frac{2.1}{50}$	$\frac{3.0}{50}$	...	$\frac{9.0}{50}$
y-Achse:	v_i	$\frac{1.1}{50}$	$\frac{3.2}{50}$	$\frac{6.2}{50}$	...	1

(c) Zeichnen eines Streckenzugs durch den Nullpunkt und die Punkte (u_i, v_i)

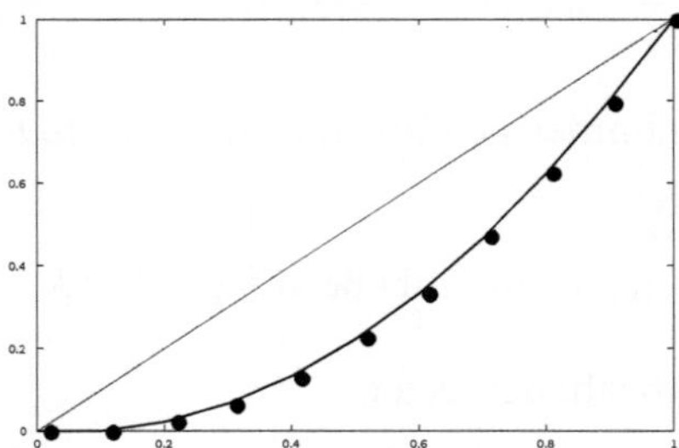

Lorenzkurve
Sowohl auf der waagerechten als auch auf der senkrechten Achse reicht das Intervall von 0 bis 1.

Die Koordinaten eines Punkts (u_i, v_i) auf der Lorenzkurve bedeuten:
Auf die $100 \cdot u_i\%$ ersten Werte entfallen $100 \cdot v_i\%$ der Gesamtsumme.

Am Beispiel:
Bevölkerungsgruppen
Auf die $100 \cdot u_2 = 20\,\%$ kleinsten Gruppen entfallen $100 \cdot v_i = \frac{320}{50}\% = 6.4\,\%$ der Personen.

Sind mehrere Beobachtungswerte gleich, so liegen die zugehörigen Punkte der Lorenzkurve auf einem Geradenstück.

Eine Lorenzkurve ist entweder die Diagonale (alle Beobachtungswerte sind gleich) oder sie ist zu Beginn flacher als am Ende und verläuft unterhalb der Diagonale. Die Konzentration ist um so größer, je stärker die Lorenzkurve von der Diagonale abweicht.

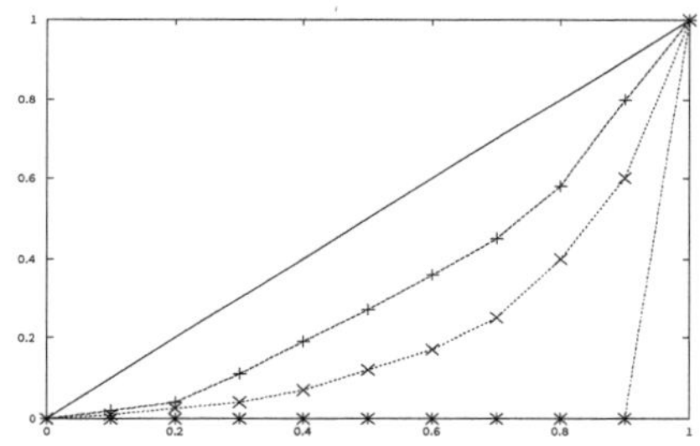

Drei Lorenzkurven:

Obere Kurve: leichte Konzentration

Mittlere Kurve: mittlere Konzentration

Untere Kurve: hohe Konzentration

Der Gini-Koeffizient

Ein Maß für die Konzentration ist die Abweichung der Lorenzkurve von der Diagonale.

Diese misst man durch den Anteil, den die Fläche zwischen Diagonale und Lorenzkurve an der Gesamtfläche unter der Diagonale ausmacht.

Da die Fläche unter der Diagonale $= \frac{1}{2}$ ist, gilt:

- *Gini-Koeffizient:*

$$G = \frac{\text{Fläche zwischen Diagonale und Lorenzkurve}}{\text{Fläche unter der Diagonale}}$$
$$= 2 \cdot \text{ Fläche zwischen Diagonale und Lorenzkurve}$$
$$= 2 \cdot F$$

Rechnung ergibt:

$$G = \frac{1}{n}\left(n - 1 - 2 \cdot \sum_{i=1}^{n-1} v_i\right)$$
$$= \frac{2\sum_{k=1}^{n} k \cdot x_{(k)}}{n \cdot \sum_{k=1}^{n} x_{(k)}} - \frac{n+1}{n}$$

Begründung: Die Fläche unter der Lorenzkurve ist

$$\begin{aligned} f &= \tfrac{1}{n} \cdot \tfrac{v_1}{2} + \tfrac{1}{n} \cdot \tfrac{v_2+v_1}{2} + \cdots + \tfrac{1}{n} \cdot \tfrac{1+v_{n-1}}{2} \\ &= \frac{1}{2n} \left(2\left(v_1 + v_2 + \cdots + v_{n-1}\right) + 1\right) \end{aligned}$$

Daher ist die Fläche zwischen Diagonale und Lorenzkurve

$$\begin{aligned} F &= \tfrac{1}{2} - f \\ &= \frac{1}{2n} \left(n - 2\left(v_1 + v_2 + \cdots + v_{n-1}\right) - 1\right) \end{aligned}$$

und damit der Gini-Koeffizient

$$G = \tfrac{1}{n} \left(n - 1 - 2 \cdot \textstyle\sum_{i=1}^{n-1} v_i\right)$$

Falls keine Konzentration vorliegt, ist die Lorenzkurve die Diagonale und der Ginikoeffizient ist $G = 0$.

Im Fall vollständiger Konzentration ist die Fläche zwischen Diagonale und Lorenzkurve

$$F = \tfrac{1}{2} - \frac{\frac{1}{n} \cdot 1}{2} = \frac{n-1}{2n}$$

und daher der Ginikoeffizient

$$G = \frac{n-1}{n} \, .$$

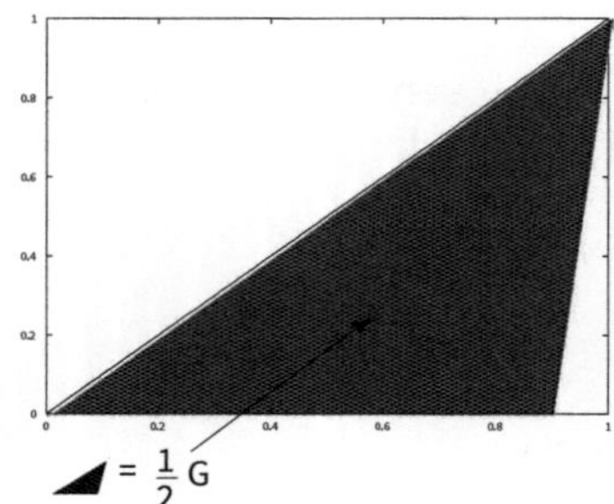

Der Ginikoeffizient liegt immer zwischen 0 und $\frac{n-1}{n}$, ist also kleiner als 1.

Am Beispiel:
Bevölkerungsgruppen
Der Gini-Koeffizient ist

$$G = \frac{1}{10} \cdot \left(9 - 2 \cdot \left(\frac{1.1}{50} + \frac{3.2}{50} + \cdots + \frac{41.0}{50}\right)\right) \quad = 0.3024$$

Bemerkung:
Der Gini-Koeffizient sollte immer gemeinsam mit der Lorenzkurve interpretiert werden, da sehr unterschiedliche Verteilungen denselben Gini-Koeffizienten liefern können.

Beispiele:

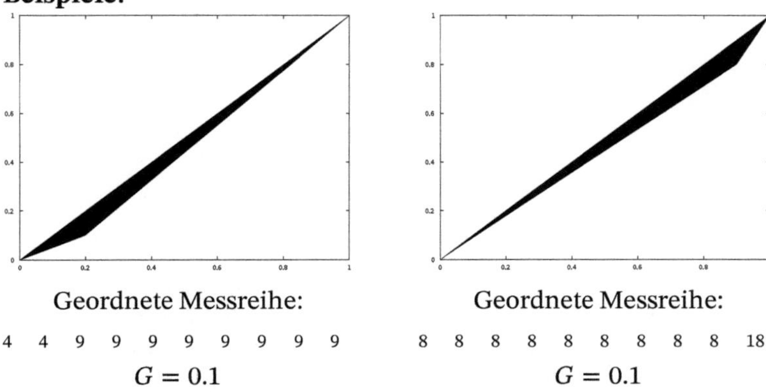

Geordnete Messreihe:	Geordnete Messreihe:
4 4 9 9 9 9 9 9 9 9	8 8 8 8 8 8 8 8 8 18
$G = 0.1$	$G = 0.1$

Der Gini-Koeffizient ist als relatives Konzentrationsmaß gut tauglich bei Verteilungen mit großen absoluten Anzahlen wie etwa Bevölkerungsgruppen, Einkommens- oder Vermögensverteilungen.

Bei der Beurteilung einer Branche drückt der Gini-Koeffizient häufig nicht aus, was gemeinhin als »Marktkonzentration« bezeichnet wird:
Sind die Marktanteile in einer Branche identisch, so ist der Gini-Koeffizient gleich null, was unbefriedigend ist.

Etwa bei zwei Marktteilnehmern, die jeweils 50 % ausmachen, ist der Gini-Koeffizient gleich null; da sich der Markt auf nur zwei Teilnehmer aufteilt, würde man aber durchaus von hoher Marktkonzentration sprechen wollen.

5.2 Herfindahl-Index und Konzentrationsrate

Der Herfindahl-Index

Der Herfindahl-Index ist die Summe der quadrierten Anteile der Gruppen:

$$H = \sum_{i=1}^{n} p_i^2 = \sum_{i=1}^{n} \left(\frac{x_i}{\sum_{k=1}^{n} x_k} \right)^2 = \text{Summe der quadrierten Anteile}$$

Er drückt die Wahrscheinlichkeit aus, dass zwei zufällig ausgewählte Individuen der Gesamtheit derselben Gruppe zuzuordnen sind.

Der Herfindahl-Index ist im Falle geringer Konzentration sensibel bezüglich der Anzahl der Teilnehmer: Er nimmt Werte zwischen $\frac{1}{n}$ und 1 an.
Bei völlig identischen Anteilen liegt der Wert bei $\frac{1}{n}$. Bei vollständiger Konzentration liegt er allerdings bei 1, unabhängig von der Anzahl der Teilnehmer, was hier unbefriedigend ist.

Am Beispiel:
Bevölkerungsgruppen

$$\begin{aligned} H &= \sum_{i=1}^{n} p_i^2 \\ &= \left(\frac{1.1}{50}\right)^2 + \left(\frac{2.1}{50}\right)^2 + \left(\frac{3.0}{50}\right)^2 \cdots + \left(\frac{9.0}{50}\right)^2 \\ &= 0.128896 \end{aligned}$$

Der Herfindahl-Index gibt bei diesem Beispiel die Wahrscheinlichkeit an, dass zwei zufällig ausgewählte Personen derselben Bevölkerungsgruppe angehören: Mit einer Wahrscheinlichkeit von 12.8896 % ist dies der Fall.

Die Konzentrationsrate

Die Konzentrationsrate gibt zu einer gewählten Anzahl von Teilgruppen g wieder, welcher Anteil der Gesamtsumme den g größten Teilgruppen zuzuordnen ist:

$$CR_g = \sum_{i=n-g+1}^{n} p_i = \sum_{i=n-g+1}^{n} \frac{x_i}{\sum_{k=1}^{n} x_k}$$

Am Beispiel:
Bevölkerungsgruppen

$$\begin{aligned} CR_2 &= p_9 + p_{10} \\ &= \frac{8.4}{50} + \frac{9}{50} \\ &= 0.348 \end{aligned}$$

$$\begin{aligned} CR_8 &= p_3 + \cdots + p_{10} \\ &= \frac{3}{50} + 2 \cdot \frac{3.5}{50} + \frac{5}{50} + \frac{6}{50} + 2 \cdot \frac{8.4}{50} + \frac{9}{50} \\ &= 0.936 \end{aligned}$$

Die beiden Bevölkerungsgruppen mit größter Personenzahl entsprechen einem Anteil von 34.8 % der Gesamtbevölkerung.
Die acht Bevölkerungsgruppen mit größter Personenzahl entsprechen einem Anteil von 93.6 % der Gesamtbevölkerung.

5.3 Die Lorenzkurve bei Häufigkeitsverteilungen

Im Fall von Häufigkeitsdaten sind die Merkmalswerte schon geordnet. Mit Hilfe der Anzahl n und der Summe $\sum_{j=1}^{m} h_j \cdot a_j$ der Messwerte errechnet man für jede Ausprägung a_j

a) den Anteil der Ausprägungen an der Gesamtzahl bis a_j:

$$u_j = \frac{\sum_{i=1}^{j} h_i}{n}$$

b) den Anteil der Messwerte an der Gesamtsumme bis a_j:

$$v_j = \frac{\sum_{i=1}^{j} h_i \cdot a_i}{\sum_{i=1}^{m} h_i \cdot a_i}$$

Anschließend wird als Lorenzkurve der Streckenzug durch $(0, 0)$ und die Punkte (u_j, v_j) gezogen.

Beispiel:
Gegeben sind die Umsatzmengen von 8 Firmengruppen [Mio. Euro]:

Umsatz a_j	1	2	3	4	5	6	7	8	9
Anzahl Firmen h_j	1	1	1	2	1	1		2	1

Die Anzahl aller Firmen ist $n = 10$.

Der Gesamtumsatz beträgt $\sum_{j=1}^{m} h_j \cdot a_j = 50$.

Tabelle für die Lorenzkurve, Teil 1:

Umsatz a_j	1	2	3	4	5
Anzahl Firmen h_j	1	1	1	2	1
Relative Häufigkeit	0.1	0.1	0.1	0.2	0.1
u_j	0.1	0.2	0.3	0.5	0.6
Umsatz-anteil	$\frac{1 \cdot 1}{50}$	$\frac{1 \cdot 1 + 1 \cdot 2}{50}$	$\frac{1 \cdot 1 + 1 \cdot 2 + 1 \cdot 3}{50}$	$\frac{1 \cdot 1 + 1 \cdot 2 + 1 \cdot 3 + 2 \cdot 4}{50}$	$\frac{14}{50} + \frac{5}{50}$
v_j	$\frac{1 \cdot 1}{50}$	$\frac{1 \cdot 1 + 1 \cdot 2}{50}$	$\frac{1 \cdot 1 + 1 \cdot 2 + 1 \cdot 3}{50}$	$\frac{1 \cdot 1 + 1 \cdot 2 + 1 \cdot 3 + 2 \cdot 4}{50}$	$\frac{14}{50} + \frac{5}{50}$
	$= \frac{1}{50}$	$= \frac{3}{50}$	$= \frac{6}{50}$	$= \frac{14}{50}$	$= \frac{19}{50}$

Tabelle für die Lorenzkurve, Teil 2:

Umsatz a_j	6	8	9
Anzahl Firmen h_j	1	2	1
Relative Häufigkeit	0.1	0.2	0.1
u_j	0.7	0.9	1
Umsatz anteil	$\frac{19}{50} + \frac{6}{50}$	$\frac{25}{50} + \frac{16}{50}$	$\frac{41}{50} + \frac{9}{50}$
v_j	$\frac{19}{50} + \frac{6}{50} = \frac{25}{50}$	$\frac{25}{50} + \frac{16}{50} = \frac{41}{50}$	$\frac{41}{50} + \frac{9}{50} = 1$

Lorenzkurve:

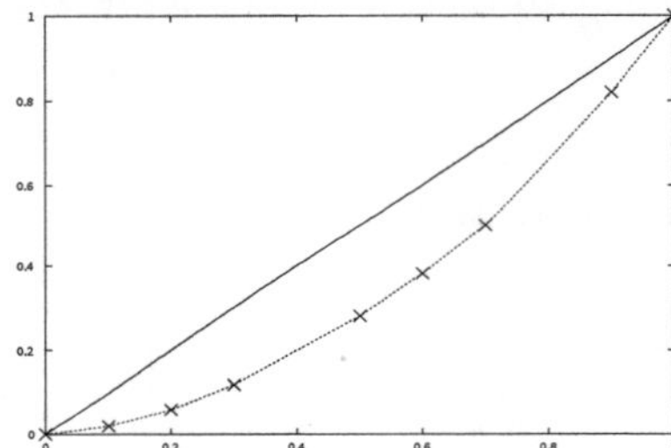

5.4 Die Lorenzkurve bei Klasseneinteilung

Bei klassierten Daten geht man sehr ähnlich vor wie bei Häufigkeitsdaten. Um zu gewährleisten, dass bei den berechneten Grenzen die zugehörigen Anteile tatsächlich erreicht sind, nutzt man für jede Klasse die obere Klassengrenze x_j^* stellvertretend für alle Daten der Klasse. Auch hier bestimmt man zunächst die Anzahl n der Messwerte und berechnet stellvertretend für die Klasseneinträge die Summe $\sum_{j=1}^{m} h_j \cdot x_j^*$. Anschließend erstellt man wieder die zur Lorenzkurve gehörende Tabelle: Zu jeder Klasse errechnet man

a) den Anteil der Ausprägungen bis zum Ende dieser Klasse:

$$u_j = \frac{\sum_{i=1}^{j} h_i}{n}$$

b) den Anteil der Werte an der Gesamtsumme bis zum Ende dieser Klasse:

$$v_j = \frac{\sum_{i=1}^{j} h_i \cdot x_i^*}{\sum_{i=1}^{m} h_i \cdot x_i^*}$$

Die Lorenzkurve ist wieder der Streckenzug durch $(0, 0)$ und die Punkte (u_j, v_j).

5.5 Rezeptartige Lösungswege

Aufgabe: Konzentration zeichnerisch darstellen und messen
Gegeben: Daten $(x_1, \dots, x_n)$
Gesucht:
(a) Lorenzkurve
(b) Gini-Koeffizient
(c) Herfindahl-Index
(d) Konzentrationsrate zu einer Teilnehmerzahl g

Lösungsweg:
Formeln 4 in Formelsammlung

(a) Die Daten müssen *geordnet* werden.

Bei n Datenpunkten wird auf der x-Achse das Intervall von 0 bis 1 unterteilt in n gleich große Abschnitte.

Auf der y-Achse wird das Intervall von 0 bis 1 unterteilt entsprechend dem Anteil der jeweils ersten j Datenpunkte in der geordneten Messreihe.

Die Lorenzkurve startet im Nullpunkt, verbindet die so berechneten Punkte durch Streckenzüge und endet zwangsläufig im Punkt mit Koordinaten $(1, 1)$.

(b) Der Gini-Koeffizient kann berechnet werden als

$$\frac{1}{n} \cdot ((\text{Anzahl der Messwerte} - 1) - 2 \cdot (\text{Summe der Punkte auf der } y\text{-Achse außer dem letzten}))$$

Bemerkung:
Es gibt noch viele andere Formeln, die dasselbe Ergebnis liefern.

(c) Der Herfindahl-Index ist die Summe der Quadrate der Marktanteile.

(d) Die Konzentrationsrate zur Teilnehmerzahl g ist die Summe der Marktanteile der g größten Teilnehmer.

s. Aufgabe 5.1, S. 170

5.6 Übungsaufgaben

Konzentration bei Urdaten

Aufgabe 5.1
Gegeben ist folgende Aufstellung der Produktion von 6 Unternehmen:

Unternehmen	A	B	C	D	E	F
Produktion [geeignete Einheit]	6	4	2	8	1	4

(a) Erstellen Sie die Tabelle, die Sie brauchen, um die Lorenzkurve zu zeichnen.
(b) Zeichnen Sie die Lorenzkurve.
(c) Berechnen Sie den Gini-Koeffizienten und den Herfindahl-Index.
(d) Bestimmen Sie die Konzentrationsrate der größten vier Unternehmen.

Konzentration bei Häufigkeitsdaten und klassierten Daten

Aufgabe 5.2
Zwanzig Unternehmen teilen sich den Markt für die Einfuhr einer bestimmten Kaffeesorte:

Einfuhrmenge [Mio t]	1	2	3	4	5	6
Zahl der Unternehmen [geeignete Einheit]	2	2	4	3	4	5

(a) Erstellen Sie die Tabelle für die Lorenzkurve.
(b) Zeichnen Sie die Lorenzkurve.

Alternativ mit derselben Rechnung:
Zwanzig Unternehmen teilen sich den Markt für die Einfuhr einer bestimmten Kaffeesorte:

Klasse der Einfuhrmenge [Mio t]	[0, 1]	]1, 2]	]2, 3]	]3, 4]	]4, 5]	]5, 6]
Zahl der Unternehmen	2	2	4	3	4	5

5.7 Lösungen

Lösung 5.1
Gegeben ist folgende Aufstellung der Produktion von 6 Unternehmen:

Unternehmen	A	B	C	D	E	F
Produktion [geeignete Einheit]	6	4	2	8	1	4

Zahl der Messwerte: $n = 6$

Summe der Messwerte: $S = \sum_{i=1}^{n} x_i = 25$

Geordnete Messreihe: 1 2 4 4 6 8

(a) Tabelle für die Lorenzkurve:

u_j	$p_j = \frac{x_{(j)}}{S}$	v_j
0.17	0.04	0.04
0.33	0.08	0.12
0.5	0.16	0.28
0.67	0.16	0.44
0.83	0.24	0.68
1.0	0.32	1.0

(b) Lorenzkurve:

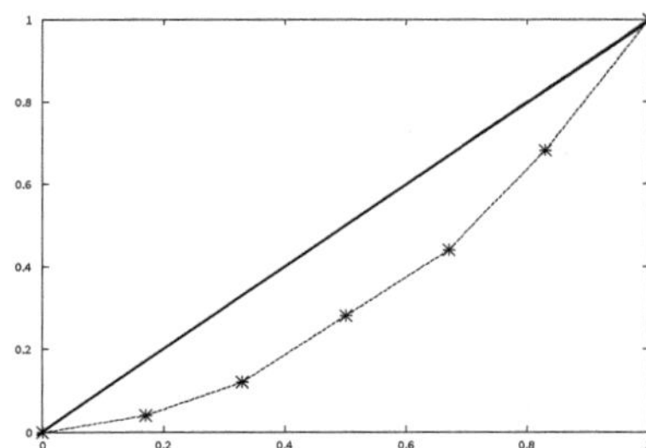

(c) Gini-Koeffizient und Herfindahl-Index:

$$\begin{aligned}
G &= \frac{1}{n} \cdot \left(n - 1 - 2 \cdot \sum_{j=1}^{n-1} v_j\right) \\
&= \frac{1}{6} \cdot (5 - 2 \cdot (0.04 + 0.12 + 0.28 + 0.44 + 0.68)) \\
&= \frac{1}{6} \cdot (5 - 2 \cdot 1.56) = 0.31\bar{3} \\
H &= \sum_{j=1}^{n} p_j^2 \\
&= 0.04^2 + 0.08^2 + 0.16^2 + 0.16^2 + 0.24^2 + 0.32^2 \\
&= 0.2192
\end{aligned}$$

(d) Konzentrationsrate der größten vier Unternehmen:

$$\begin{aligned} CR_4 &= 0.16 + 0.16 + 0.24 + 0.32 \\ &= 0.88 \end{aligned}$$

Lösung 5.2
Zwanzig Unternehmen teilen sich den Markt für die Einfuhr einer bestimmten Kaffeesorte:

Einfuhrmenge [Mio t]	1	2	3	4	5	6
Zahl der Unternehmen [geeignete Einheit]	2	2	4	3	4	5

Zahl der Messerte: $n = 20$
Summe der Messwerte: $S = \sum_{j=1}^{m} n_j a_j = 80$

(a) Tabelle für die Lorenzkurve:

u_j	$n_j \cdot \frac{a_j}{S}$	v_j
$\frac{2}{20}$	$2 \cdot \frac{1}{80} = 0.025$	$\frac{2}{80} = 0.025$
$\frac{4}{20}$	$2 \cdot \frac{2}{80} = 0.050$	$\frac{6}{80} = 0.075$
$\frac{8}{20}$	$4 \cdot \frac{3}{80} = 0.150$	$\frac{18}{80} = 0.225$
$\frac{11}{20}$	$3 \cdot \frac{4}{80} = 0.150$	$\frac{30}{80} = 0.375$
$\frac{15}{20}$	$4 \cdot \frac{5}{80} = 0.250$	$\frac{50}{80} = 0.625$
1	$5 \cdot \frac{6}{80} = 0.375$	1

(b) Zeichnung:

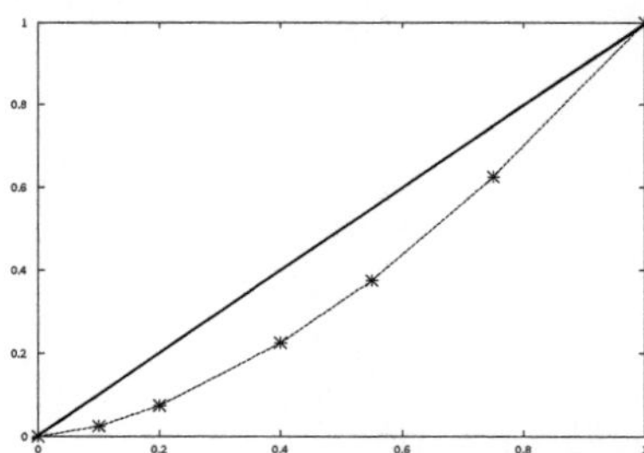

Bemerkung:
Für eine andere Klasseneinteilung

$$[0.5, 1.5],]1.5, 2.5],]2.5, 3.5],]3.5, 4.5],]4.5, 5.5],]5.5, 6.5]$$

ergeben sich folgende Werte:
Summe der oberen Grenzen: $S = \sum_{j=1}^{m} n_j x_j^* = 90$

u_j	$n_j \cdot \frac{x_j^*}{S}$	v_j
$\frac{2}{20}$	$2 \cdot \frac{1.5}{90} = 0.033$	$\frac{3}{90} = 0.033$
$\frac{4}{20}$	$2 \cdot \frac{2.5}{90} = 0.055$	$\frac{8}{90} = 0.088$
$\frac{8}{20}$	$4 \cdot \frac{3.5}{90} = 0.155$	$\frac{22}{90} = 0.244$
$\frac{11}{20}$	$3 \cdot \frac{4.5}{90} = 0.150$	$\frac{35.5}{90} = 0.394$
$\frac{15}{20}$	$4 \cdot \frac{5.5}{90} = 0.244$	$\frac{57.5}{90} = 0.639$
1	$5 \cdot \frac{6.5}{90} = 0.361$	1

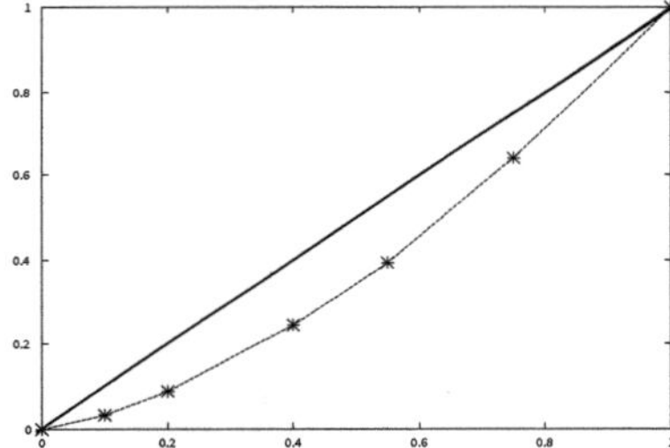

6 Verhältniszahlen

Verhältniszahlen sind Größen, die Maßzahlen durch Quotientenbildung zueinander in Beziehung setzen. Zum Beispiel relative Häufigkeit, Variationskoeffizienten, relative Quartilsabstände oder relative mittlere absolute Abweichungen sind Verhältniszahlen.

Durch das Berechnen von Verhältniszahlen sollen zwei Maßzahlen in einer Größe vereint werden; man kann relative statt absoluter Aussagen machen, Beziehungen und Entwicklungen aufzeigen.

6.1 Gliederungszahlen

Relative Häufigkeiten werden auch Gliederungszahlen genannt. Sie geben das Verhältnis einer Teilmasse zur Gesamtmasse wieder.

6.2 Beziehungszahlen

Beziehungszahlen sind Quotienten *verschiedenartiger* Größen, die zueinander in einem sinnvollen Zusammenhang stehen.

Beispiele:

$$\text{Mittelwert} = \frac{\text{Summe der Beobachtungswerte}}{\text{Anzahl der Beobachtungen}}$$

$$\text{Bevölkerungsdichte} = \frac{\text{Einwohnerzahl einer Region}}{\text{Fläche der Region}}$$

$$\text{Produktivität} = \frac{\text{produzierte Menge}}{\text{Arbeitsstunden}}$$

$$\text{Rentabilität} = \frac{\text{Gewinn}}{\text{eingesetztes Kapital}}$$

$$\text{Geburtenziffer} = \frac{\text{Anzahl der Lebendgeborenen}}{\text{mittlere Gesamtbevölkerung}}$$

$$\text{Zigarettenkonsum pro Kopf} = \frac{\text{Zigarettenkonsum}}{\text{Bevölkerungszahl}}$$

6.3 Messzahlen

Messzahlen sind Quotienten *gleichartiger* einfacher Größen, die sich sachlich, örtlich oder zeitlich unterscheiden.

Beispiel:

$$\frac{\text{Anzahl von Angestellten}}{\text{Anzahl von Arbeitern}} \quad \text{(Angestelltendichte)}$$

$$\frac{\text{Umsatz in einer Stadt}}{\text{Gesamtumsatz in allen Gebieten}}$$

$$\frac{\text{Löhne im Januar 2001}}{\text{Löhne im Januar 2000}}$$

6.3.1 Messzahlen zeitlicher Entwicklung

Gegeben sind Messdaten $x_0, x_1, \ldots, x_T$ zu Zeitpunkten $t = 0, 1, \ldots, T$.
Für jeden Zeitpunkt t zwischen 1 und T ist die Messzahl für die Periode t zur Basis 0 die Zahl $M_0^t = \frac{x_t}{x_0}$. Aus der Datenreihe entsteht eine *Messzahlenreihe.*
Als *Basisperiode* bezeichnet man dabei die Periode 0 im Nenner, die Periode t im Zähler heißt *Berichtsperiode.*

Beispiel:

$$\frac{\text{Löhne im Januar 2001}}{\text{Löhne im Januar 2000}} \quad \begin{matrix} t = 1 \\ t = 0 \end{matrix} \quad \begin{matrix} \text{Messzahl für die Periode 1} \\ \text{zur Basis 0} \end{matrix}$$

$$\frac{\text{Löhne im Januar 2002}}{\text{Löhne im Januar 2000}} \quad \begin{matrix} t = 2 \\ t = 0 \end{matrix} \quad \begin{matrix} \text{Messzahl für die Periode 2} \\ \text{zur Basis 0} \end{matrix}$$

$$\frac{\text{Löhne im Januar 2003}}{\text{Löhne im Januar 2000}} \quad \begin{matrix} t = 3 \\ t = 0 \end{matrix} \quad \begin{matrix} \text{Messzahl für die Periode 3} \\ \text{zur Basis 0} \end{matrix}$$

Beispiel:
Eine Firma zahlte technischen Zeichnern über 6 Jahre folgende monatlichen Durchschnittslöhne.
Die Messzahlen für die Perioden 2000 bis 2005 zur Basis 2000 sind die Wachstumsfaktoren:

Jahr	monatlicher Durchschnittslohn	$M_{2000}^t = \frac{x_t}{x_{2000}}$
2000	2500	1.000
2001	2550	1.020
2002	2570	1.028
2003	2650	1.060
2004	2700	1.080
2005	2800	1.120

Hier erkennen wir, dass die Löhne im betrachteten Zeitraum zunächst um 2 %, dann um 2.8 %, 6 %, 8 % und schließlich um 12 % gegenüber dem Ursprungslohn aus dem Jahr 2000 gestiegen sind.

6.3.2 Umbasierung von Messzahlen

Möchte man eine Messzahlenreihe zu einer gegebenen Basis 0 auf einen anderen Zeitpunkt $\tilde{t}$ umbasieren, so geschieht dies mit den Regeln der Bruchrechnung: Sind für Zeitpunkte t und $\tilde{t}$ die Messzahlen M_0^t und $M_0^{\tilde{t}}$ bekannt, so ergibt sich

$$M_{\tilde{t}}^t = \frac{x_t}{x_{\tilde{t}}} = \frac{\frac{x_t}{x_0}}{\frac{x_{\tilde{t}}}{x_0}} = \frac{M_0^t}{M_0^{\tilde{t}}}$$

Beispiel:
Gegeben sind Messzahlen von Löhnen zur Basis 2000. Sie werden umbasiert auf die Basis 2002:

Jahr	$M_{2000}^t = \frac{x_t}{x_{2000}}$	$M_{2002}^t = \frac{x_t}{x_{2002}} = M_{2000}^t / M_{2000}^{2002}$
2001	1.02	$\frac{1.020}{1.028} = 0.992$
2002	1.028	$\frac{1.028}{1.028} = 1.000$
2003	1.06	$\frac{1.060}{1.028} = 1.031$
2004	1.08	$\frac{1.080}{1.028} = 1.051$
2005	1.12	$\frac{1.12}{1.028} = 1.089$

6.3.3 Verkettung von Messzahlen

Das Zurückrechnen von der Basis $\tilde{t}$ zur Basis 0 geschieht ebenfalls nach den Regeln der Bruchrechnung:

$$M_0^t = M_0^{\tilde{t}} \cdot M_{\tilde{t}}^t$$

Beispiel:
Es seien zwei Messzahlenreihen erstellt worden, die aneinander anknüpfen:

Periode	M_{1997}^t
1998	1.110
1999	1.020
2000	1.010

Periode	M_{2000}^t
2001	1.020
2002	1.028
2003	1.060
2004	1.080
2005	1.120

Durchgehende Messreihe:

Jahr	$M_{1997}^t = M_{1997}^{2000} \cdot M_{2000}^t$
1998	1.110
1999	1.020
2000	1.010
2001	$1.010 \cdot 1.020 = 1.030$
2002	$1.010 \cdot 1.028 = 1.038$
2003	$1.010 \cdot 1.060 = 1.071$
2004	$1.010 \cdot 1.080 = 1.091$
2005	$1.010 \cdot 1.120 = 1.131$

Beispiel:
Ein Computerhändler hat im August 2014 zwanzig Rechner verkauft. Für die Folgemonate liegen Messzahlen vor:

Monat	August	September	Oktober	November	Dezember
M_0^t	$1,0$	$0,9$	$1,1$	$1,2$	$1,5$
Anzahl	20				

Wie viele Rechner hat der Händler in den Monaten September bis Dezember verkauft?

Lösung:

$M_0^t = \frac{x_t}{x_0}$, also $x_t = M_0^t \cdot x_0$. Daher:

Monat	August	Septemer	Oktober	November	Dezember
M_0^t	$1,0$	$0,9$	$1,1$	$1,2$	$1,5$
Anzahl	20	18	22	24	30

6.4 Standardisieren von Verhältniszahlen

Wenn Verhältniszahlen miteinander verglichen werden sollen, besteht häufig das Problem, dass sie aus unterschiedlich strukturierten Gruppen entstanden sind. Damit diese Verhältniszahlen trotzdem verglichen werden können, müssen die Gruppen in vergleichbare Teilgruppen unterteilt werden, die dann gleichartig gewichtet werden.
Ein typisches Beispiel ist der Vergleich zweier Erhebungen (Prüfungen oder Befragungen), die bei Gruppen mit unterschiedlichen Fähigkeiten oder Interessen durchgeführt wurden: Nicht die Probanden, sondern die Erhebungen sollen miteinander verglichen werden; da der Zugang zu einem Thema einen wesentlichen Einfluss auf das Ergebnis hat, ist allein die Zahl positiver oder negativer Ergebnisse nicht geeignet, die Erhebungen zu vergleichen. Statt dessen gilt es zu klären, wie die Ergebnisse ausgefallen wären, wenn die Gruppen gleich strukturiert gewesen wären. Daher legt man die Struktur der Grundgesamtheit, der beide Gruppen entstammen, zugrunde:
Man unterteilt die Grundgesamtheit in k *homogene* Teile, deren Anteile $r_1, \dots, r_k$ an der Grundgesamtheit bekannt sind. Bei Prüfungen bietet es sich an, Teilgruppen entsprechend Vorkenntnissen zu bilden, bei Befragungen können die Befragten nach ihrem Interesse am Thema unterteilt werden.
Dann unterteilt man jede der beiden Gruppen entsprechend dieser homogenen Teile und berechnet zu jedem dieser Teile die entsprechende Verhältniszahl $V_j, j = 1, \dots, k$. Diese Einzelzahlen V_j werden dann mit den Anteilen r_j der Teilgruppen an der Grundgesamtheit gewichtet zusammengefasst:

Auf Normalstruktur bezogene standardisierte Verhältniszahl:
$V = \sum_{j=1}^{k} V_j \cdot r_j$

Beispiel:
Zwei Englischtests wurden durchgeführt:
Test 1 fand am Juridicum statt; bei 1000 Studierenden war die Durchfallquote 10 %.
Test 2 fand am Anglistischen Seminar statt; bei 500 Studierenden war die Durchfallquote 2.4 %.
Die beiden Tests sollen bezüglich ihres Schwierigkeitsgrads verglichen werden.
Hierzu werden die hier dargestellten Daten nicht ausreichen:

Da zu vermuten ist, dass die Vorkenntnisse der Teilnehmer an den beiden Klausuren recht unterschiedlich waren, kann man die Schwierigkeitsgrade der Klausuren nicht miteinander vergleichen, indem man die Durchfallquoten direkt gegenüberstellt.

Die Frage, die interssiert ist, wie unterschiedlich die Klausuren ausgefallen wären, wenn an beiden Klausuren *derselbe* Anteil an Studierenden mit Vorkenntnissen teilgenommen hätte.

Die Anteile der nicht bestandenen Klausuren werden weiter aufgesplittet entsprechend den Vorkenntnissen der Teilnehmer. Dann wird jeder solche Anteil nur zu dem Prozentsatz gewertet, der in Deutschland herrscht:

Wenn 10 % der Deutschen gute Vorkenntnisse der englischen Sprache haben, werden die Durchfallquoten der Teilnehmer mit Vorkenntnissen nur zu 10 % gewertet.

Die Gruppen werden daher in die beiden Teilgruppen der Teilnehmer mit Vorkenntnissen (VK) und solcher ohne Vorkenntnisse unterteilt. Dabei sei bekannt, dass in Grundgesamtheit ca. 10 % der Menschen Vorkenntnisse in englischer Sprache haben.

Anschließend werden die Messzahlen in jeder Teilgruppe erhoben.

Beispiel:
Ausführliche Tabelle der erhobenen Daten:

	Test 1	Test 2	In der Grundgesamtheit: Anteil	Gewicht
Insgesamt	1000	500		
Davon nicht bestanden	100	12		
Mit Vorkenntnissen	50	480	10 %	0.1
Davon nicht bestanden	2	10		
Das entspricht einem Anteil von	4.0 %	2.1 %		
Ohne Vorkenntnisse	950	20	90 %	0.9
Davon nicht bestanden	98	2		
Das entspricht einem Anteil von	10.316 %	10.0 %		

Jede Teilgruppe wird entsprechend ihrem Anteil in der Grundgesamtheit gewertet, nicht entsprechend ihrem Anteil in den Stichproben.

Die standardisierte Verhältniszahl für das Nicht-Bestehen der Tests ist die gewichtete Summe der Teilgruppen-Messzahlen:

Für Test 1: $V = 4\,\% \cdot 0.1 + 10.316\,\% \cdot 0.9 = 9.684\,\%$

Für Test 2: $V = 2.1\,\% \cdot 0.1 + 10\,\% \cdot 0.9 = 9.21\,\%$

Mit der Vorgabe, wie stark welches Teilergebnis gewertet wird, erhält man eine Vergleichbarkeit der Tests, unabhängig von der Zusammensetzung der jeweils untersuchten Gruppe.

6.5 Rezeptartige Lösungswege

Verhältniszahlen setzen zwei Größen ins Verhältnis zueinander.
Neben Gliederungszahlen (= relative Häufigkeiten) und Beziehungszahlen = Quotienten verschiedenartiger Größen spielen Messzahlen eine große Rolle; Messzahlen sind Quotienten gleichartiger einfacher Größen. Der Behandlung der zeitlichen Entwicklung von Messzahlen und ihrer Umrechnung ineinander liegt schlicht Bruchrechnung zugrunde.

s. Aufgabe 6.1, S. 182

Aufgabe: Messzahlen umbasieren oder verketten
Gegeben: Messzahlen zu verschiedenen Basisperioden
Gesucht: Durchgehende Messzahlenreihe

Lösungsweg:
Bruchrechnung: Messzahl $M_{t_0}^t = \frac{x_t}{x_{t_0}} = \frac{\frac{x_t}{x_0}}{\frac{x_{t_0}}{x_0}} = \frac{M_0^t}{M_0^{t_0}}$

$$M_0^t = M_{t_0}^t \cdot M_0^{t_0}$$

s. Aufgabe 6.2, S. 182 | s. Aufgabe 6.3, S. 182

Aufgabe: Standardisierte Verhältniszahl errechnen
Gegeben:
- Zwei Gruppen G_1, G_2, darin Untergruppen U_1, U_2 mit einer Eigenschaft E
- Vorwissen, dass die Grundgesamtheit in k homogene Teile zerlegt werden kann. Für jeden homogenen Teil ist der Anteil r_j an der Grundgesamtheit bekannt.
- Die Anteile $V_{1,j}, V_{2,j}$ der Mitglieder mit Eigenschaft E an jeder j-ten homogenen Teilmenge in Gruppe 1 und 2 wurden ermittelt.

Gesucht: Vergleichbare Verhältniszahlen, die jeweils das Verhältnis der Untergruppenmitglieder zur Gesamtgruppe über die homogenen Teile der Grundgesamtheit gewichten

Lösungsweg:
Die gesuchten über die Zerlegung der Grundgesamtheit gewichteten Verhältniszahlen sind

$$V_1 = \sum_{j=1}^{k} V_{1,j} \cdot r_j$$
$$V_2 = \sum_{j=1}^{k} V_{2,j} \cdot r_j$$

s. Aufgabe 6.4, S. 182

6.6 Übungsaufgaben

Messzahlen

Aufgabe 6.1
Die Umsätze einer Firma in 7 Jahren waren folgende:

Jahr	2000	2001	2002	2003	2004	2005	2006
Umsatz [Mio. Euro]	3	5	4	5	3	4	6

Berechnen Sie die Messzahlen zur Basis 2000.

Aufgabe 6.2
Folgende Messzahlenreihe zu Umsätzen eines Unternehmens zur Basis 2010 wurde erstellt:

Jahr	2009	2010	2011	2012	2013
Messzahl	0.98	1.00	1.05	1.04	1.06

(a) Begründen Sie, warum die Messzahl $M_{2010}^{2010} = 1$ ist.
(b) Stellen Sie dar, was $M_{2010}^{2012} = 1.04$ bedeutet.
(c) Basieren Sie diese Messzahlenreihe auf das Jahr 2013 um.

Aufgabe 6.3
Die Entwicklung des Gewinns [10 Tsd. Euro] einer jungen Firma wurde zunächst bezüglich des Gründungsjahrs, dann für eine Basis drei Jahre später aufgezeichnet:

Basis 2009			Basis 2011	
2009	1		2012	0.9
2010	1.1		2013	0.95
2011	1.2		2014	1.1

Verketten Sie beide Reihen zur Basis 2009.

Standardisierte Verhältniszahlen

Aufgabe 6.4
Durch zwei Befragungen unter Kindern sollte ermittelt werden, ob es lohnt, farbige Laptops herzustellen.
Die Zahlen der Befragten sind in folgenden Tabellen zusammengestellt:

1. Umfrage: 100 Teilnehmer eines Computerkurses an einer Schule; davon besitzen 90 Kinder einen eigenen Rechner, 10 besitzen keinen.

Befragte mit Interesse an einem farbigen Laptop:

mit eigenem Rechner	ohne eigenen Rechner
85	2

2. Umfrage: 100 Schüler einer Karateschule; davon besitzen 10 Kinder einen Rechner, 90 besitzen keinen.

Befragte mit Interesse an einem farbigen Laptop:

mit eigenem Rechner	ohne eigenen Rechner
8	15

Ermitteln Sie die standardisierten Verhältniszahlen.
Nehmen sie dabei an, dass in Deutschland ca. 70 % der Kinder einen eigenen Rechner besitzen.
Welches Ergebnis wäre ohne Standardisierung herausgekommen?

6.7 Lösungen

Lösung 6.1
Die Umsätze einer Firma in 7 Jahren waren folgende:

Jahr	2000	2001	2002	2003	2004	2005	2006
Umsatz [Mio. Euro]	3	5	4	5	3	4	6

Messzahlen zur Basis 2000:

Jahr	Umsatz [Mio Euro]	$M^t_{2000} = \frac{x_t}{x_{2000}}$
2000	3	
2001	5	$\frac{5}{3} = 1.67$
2002	4	$\frac{4}{3} = 1.33$
2003	5	$\frac{5}{3} = 1.67$
2004	3	$\frac{3}{3} = 1$
2005	4	$\frac{4}{3} = 1.33$
2006	6	$\frac{6}{3} = 2$

Lösung 6.2
Folgende Messzahlenreihe zu Umsätzen eines Unternehmens zur Basis 2010 wurde erstellt:

Jahr	2009	2010	2011	2012	2013
Messzahl	0.98	1.00	1.05	1.04	1.06

(a) $M^{2010}_{2010} = \frac{x_{2010}}{x_{2010}}$, also $= 1$.

(b) $M^{2012}_{2010} = 1.04$ bedeutet, dass der Umsatz dieses Unternehmens von 2010 auf 2012 um 4 % gestiegen ist.

(c) Umbasieren: $M^t_{\tilde{t}} = \frac{M^t_0}{M^{\tilde{t}}_0}$

Jahr	2009	2010	2011	2012	2013
Messzahl M^t_{2010}	0.98	1.00	1.05	1.04	1.06
Messzahl M^t_{2013}	$\frac{0.98}{1.06}$	$\frac{1.00}{1.06}$	$\frac{1.05}{1.06}$	$\frac{1.04}{1.06}$	$\frac{1.06}{1.06}$
	$= 0.92$	0.94	0.99	0.98	1.00

Lösung 6.3
Die Entwicklung des Gewinns [10Tsd. Euro] einer jungen Firma wurde zunächst bezüglich des Gründungsjahrs, dann für eine Basis drei Jahre später aufgezeichnet:

Basis 2009			Basis 2011	
2009	1		2012	0.9
2010	1.1		2013	0.95
2011	1.2		2014	1.1

Verkettung zur Basis 2009:

Jahr	Messzahl
2009	1
2010	1.1
2011	1.2
2012	$0.9 \cdot 1.2 = 1.08$
2013	$0.95 \cdot 1.2 = 1.14$
2014	$1.1 \cdot 1.2 = 1.32$

Lösung 6.4

Durch zwei Befragungen unter Kindern sollte ermittelt werden, ob es lohnt, farbige Laptops herzustellen.

Die Zahlen der Befragten sind in folgenden Tabellen zusammengestellt:

1. Umfrage: 100 Teilnehmer eines Computerkurses an einer Schule; davon besitzen 90 Kinder einen eigenen Rechner, 10 besitzen keinen.

Befragte mit Interesse an einem farbigen Laptop:

mit eigenem Rechner	ohne eigenen Rechner
85	2

2. Umfrage: 100 Schüler einer Karateschule; davon besitzen 10 Kinder einen Rechner, 90 besitzen keinen.

Befragte mit Interesse an einem farbigen Laptop:

mit eigenem Rechner	ohne eigenen Rechner
8	15

Standardisierte Verhältniszahlen:

1. Umfrage: $V = 0.7 \cdot \frac{85}{90} + 0.3 \cdot \frac{2}{10} = 0.72$

2. Umfrage: $V = 0.7 \cdot \frac{8}{10} + 0.3 \cdot \frac{15}{90} = 0.61$

Ohne Standardisierung:

1. Umfrage: $\frac{87}{100} = 0.87$

2. Umfrage: $\frac{23}{100} = 0.23$

7 Indexzahlen

Eine Indexzahl ist ein Quotient zweier *gleichartiger*, meist *zusammengesetzter* Größen, die zu unterschiedlichen Zeitpunkten oder in unterschiedlichen Regionen erhoben wurden.

Damit sind Messzahlen einfache Indexzahlen: Messzahlen werden verwandt, wenn man sich für eine einzige ökonomische Größe interessiert.

Möchte man Informationen über die Entwicklung mehrerer sachlich zusammengehöriger Größen in eine Zahl fassen, so nutzt man zusammengesetzte Indexzahlen.

7.1 Wert-, Mengen- und Preisindex

Zunächst wird ein für einen Wirtschaftsbereich repräsentativer Warenkorb erstellt.

- Der Preisindex macht eine Aussage über die Höhe der Inflation in einem volkswirtschaftlichen Bereich. Er spiegelt die durchschnittliche Entwicklung der Preise dieser Güter unabhängig von den Verkaufsmengen wider.
- Der Mengenindex gibt die durchschnittliche Entwicklung der produzierten Mengen dieser Waren unabhängig von den Verkaufspreisen wieder.
- Der Wertindex zeigt die durchschnittliche Entwicklung der Umsätze dieser Waren auf.

Zunächst ist die Ermittlung von Indizes von Interesse, die Umsätze der Güter eines fest gegebenen Warenkorbs vergleichen. Zur Bestimmung einer mittleren Preissteigerung ist es sinnvoll, die Veränderung der verkauften Mengen außer Acht zu lassen; daher vergleicht man tatsächliche Umsätze einer Periode mit fiktiven Umsätzen der anderen Periode, die entstehen, indem man zwar die Preise dieser Periode, aber die Mengen der Vergleichsperiode nutzt. Hierzu kann man alternativ die Mengen der Basisperiode oder diejenigen der Berichtsperiode fixieren. Ist dagegen angestrebt, die mittlere Mengenveränderung eines Warenkorbs zu bestimmen, so werden die Rollen der Preise und Mengen vertauscht: Man fixiert die Preise der Basis- oder Berichtsperiode und verwendet die Mengen beider Perioden.

Formal wird ein Warenkorb aus m Gütern in zwei Perioden 0 und t betrachtet. Die Preise der Güter werden mit p_i^0 und p_i^t bezeichnet, die Mengen mit q_i^0 und q_i^t; der Index i durchläuft alle m Güter.

Beispiel:
Für die $m = 3$ Güter Cola, Limo und Wasser wurden in den Jahren 2011 und 2012 Daten erhoben:

Jahr	Cola		Limo		Wasser	
2011	$q_1^{2011} = 100$	$p_1^{2011} = 15$	$q_2^{2011} = 110$	$p_2^{2011} = 16$	$q_3^{2011} = 120$	$p_3^{2011} = 10$
2012	$q_1^{2012} = 130$	$p_1^{2012} = 20$	$q_2^{2012} = 100$	$p_2^{2012} = 21$	$q_3^{2012} = 80$	$p_3^{2012} = 12$

7.1.1 Preisindex

(I) *Preisindex nach Laspeyres:*
Gegeben sind für einen Warenkorb die Daten für die Umsätze des Basisjahrs und die Preise des Berichtsjahrs.

Gesucht ist ein Parameter für die Entwicklung der Kosten dieses Warenkorbs hin zur aktuellen Periode.

- *Preisindex für die Berichtsperiode t zur Basisperiode* 0

$$_{L}IP_0^t = \frac{\text{fiktive Umsätze zur Zeit } t \text{ bei Mengen der Zeit } 0}{\text{tatsächliche Umsätze zur Zeit } 0}$$

$$_{L}IP_0^t = \frac{\sum_{i=1}^{n} p_i^t \cdot q_i^0}{\sum_{i=1}^{n} p_i^0 \cdot q_i^0}$$

(II) *Preisindex nach Paasche:*
Gegeben sind für einen Warenkorb die Daten für die Umsätze des Berichtsjahrs und die Preise des Basisjahrs.

Gesucht ist ein Parameter für die Rückrechnung der Kosten dieses Warenkorbs auf das Basisjahr.

- *Preisindex für die Berichtsperiode t zur Basisperiode 0*

$$_{P}IP_0^t = \frac{\text{tatsächliche Umsätze zur Zeit } t}{\text{fiktive Umsätze zur Zeit } 0 \text{ bei Mengen der Zeit } t}$$

$$_{P}IP_0^t = \frac{\sum_{i=1}^{n} p_i^t \cdot q_i^t}{\sum_{i=1}^{n} p_i^0 \cdot q_i^t}$$

(III) *Preisindex nach Fisher:*
Gegeben sind für einen Warenkorb die Daten für die Umsätze des Berichtsjahrs und des Basisjahrs.

Gesucht ist ein Parameter für den Vergleich der Kosten dieses Warenkorbs im Basisjahr und im Berichtsjahr.

- *Preisindex für die Berichtsperiode t zur Basisperiode 0*

  ${}_F IP_0^t = \sqrt{{}_L IP_0^t \cdot {}_P IP_0^t}$ = geometrisches Mittel der Preisindizes nach Laspeyres und Paasche

Am Beispiel:

$$
\begin{aligned}
{}_L IP_0^t &= \frac{20\cdot100+21\cdot110+12\cdot120}{15\cdot100+16\cdot110+10\cdot120} &&= 1.289 \\
{}_P IP_0^t &= \frac{20\cdot130+21\cdot100+12\cdot80}{15\cdot130+16\cdot100+10\cdot80} &&= 1.3011 \\
{}_F IP_0^t &= \sqrt{1.2892 \cdot 1.3011} &&= 1.2952
\end{aligned}
$$

Bemerkung:
Der Index nach Laspeyres hat den Vorteil, dass die »Gewichte« über die Zeit konstant sind. Damit sind solche Indizes über die Zeit besser vergleichbar.
In der volkswirtschaftlichen Gesamtrechnung werden entsprechend internationalen Konventionen *Kettenindizes* benutzt:

- Es wird jeweils ein Warenkorb benutzt, der den aktuellen Verbrauchsgewohnheiten entspricht.
- Basisperiode ist jeweils das Vorjahr.

Beispiel:
Ein Student benutzt für seine täglichen Fahrten Bundes- und Straßenbahn:

	2009		2010		2011	
	DB	SB	DB	SB	DB	SB
Anzahl	300	200	200	200	100	200
Fahrpreis	1, 00	0, 50	1, 50	0, 80	2, 40	1, 00

Beispiel:

(a) Zu Berechnen: Preisindizes nach Laspeyres für 2010 und 2011 zur Basis 2009.
(b) Zu Berechnen: Preisindex nach Paasche für 2011 zur Basis 2009.

Lösung:

(a) Preisindex nach Laspeyres für 2010 zur Basis 2009:

$$
\begin{aligned}
{}_L IP_{2009}^{2010} &= \frac{\sum_{i=1}^n p_i^t \cdot q_i^0}{\sum_{i=1}^n p_i^0 \cdot q_i^0} \\
&= \frac{300\cdot1.5+200\cdot0.8}{300\cdot1.0+200\cdot0.5} = 1.525
\end{aligned}
$$

Preisindex nach Laspeyres für 2011 zur Basis 2009:

$$ {}_{L}IP_{2009}^{2011} = \frac{300 \cdot 2.4 + 200 \cdot 1.0}{300 \cdot 1.0 + 200 \cdot 0.5} = 2.3 $$

(b) Preisindex nach Paasche für 2011 zur Basis 2009:

$$ {}_{P}IP_{2009}^{2011} = \frac{\sum_{i=1}^{n} p_i^t \cdot q_i^t}{\sum_{i=1}^{n} p_i^0 \cdot q_i^t} = \frac{100 \cdot 2.4 + 200 \cdot 1.0}{100 \cdot 1.0 + 200 \cdot 0.5} = 2.2 $$

7.1.2 Mengenindex

Gegeben ist ein Warenkorb in der Zusammensetzung des Basisjahrs.
Von Interesse ist die Entwicklung der durchschnittlich verbrauchten Gütermengen in diesem Wirtschaftsbereich.
Gegenüber den Preisindizes werden die Rollen von Preisen und Gütermengen vertauscht.

(I) *Mengenindex nach Laspeyres:*

- *Mengenindex für die Berichtsperiode t zur Basisperiode 0*

$$ {}_{L}IM_0^t = \frac{\text{fiktive Umsätze zur Zeit } t \text{ bei Preisen der Zeit 0}}{\text{tatsächliche Umsätze zur Zeit 0}} $$

$$ {}_{L}IM_0^t = \frac{\sum_{i=1}^{n} p_i^0 \cdot q_i^t}{\sum_{i=1}^{n} p_i^0 \cdot q_i^0} $$

(II) *Mengenindex nach Paasche:*

- *Mengenindex für die Berichtsperiode t zur Basisperiode 0*

$$ {}_{P}IM_0^t = \frac{\text{tatsächliche Umsätze zur Zeit } t}{\text{fiktive Umsätze zur Zeit 0 bei Preisen der Zeit } t} $$

$$ {}_{P}IM_0^t = \frac{\sum_{i=1}^{n} p_i^t \cdot q_i^t}{\sum_{i=1}^{n} p_i^t \cdot q_i^0} $$

(III) *Mengenindex nach Fisher:*

- *Mengenindex für die Berichtsperiode t zur Basisperiode 0*

$$ {}_{F}IM_0^t = \sqrt{{}_{L}IM_0^t \cdot {}_{P}IM_0^t} $$

7.1.3 Wertindex

Zum Vergleich der durchschnittlichen Umsätze in einem Wirtschaftsbereich werden die Umsätze der Berichtsperiode den Umsätzen der Basisperiode gegenübergestellt.

- *Wertindex für die Berichtsperiode t zur Basisperiode 0*

$$IW_0^t = \frac{\text{tatsächliche Umsätze zur Zeit } t}{\text{tatsächliche Umsätze zur Zeit } 0}$$

$$IW_0^t = \frac{\sum_{i=1}^n p_i^t \cdot q_i^t}{\sum_{i=1}^n p_i^0 \cdot q_i^0} = \frac{p_1^t \cdot q_1^t + \cdots + p_m^t \cdot q_m^t}{p_1^0 \cdot q_1^0 + \cdots + p_m^0 \cdot q_m^0}$$

Bemerkung:
Vor der Ermittlung von Indizes muss festgelegt werden, welche Größen von Interesse sind, also ob die Preisentwicklung, die Entwicklung von Gütermengen oder von Umsätzen im Vordergrund steht.
Die Auswahl eines geeigneten Warenkorbs ist zentral. Anschließend ist die Methode festzulegen: Bei Indizes nach Laspeyres wird der Umsatz des Basisjahrs genutzt, bei Indizes nach Paasche der Umsatz des Berichtsjahrs; bie Indizes nach Fisher wird aus beiden ein geometrisches Mittel gebildet. Abhängig von den Zielen der Untersuchung wird die Basisperiode gewählt.
Da ein Warenkorb mit der Zeit veraltet, ist es notwendig, diesen in geeigneten Abständen zu aktualisieren, was zu Problemen der Vergleichbarkeit mit älteren Daten führt. Eine solche Aktualisierung des Warenkorbs findet etwa alle fünf Jahre statt. Der aus den Medien bekannte Preisindex bezieht sich auf die Lebenshaltung aller privaten Haushalte.

7.2 Umbasierung und Verketten

7.2.1 Umbasierung

Indexreihen kann man nicht wie Messreihen durch Bruchrechnung auf einen anderen Zeitpunkt beziehen: Allein aus den Indizes ist dies nicht möglich. Um aus gegebenen Indizes dennoch zumindest näherungsweise solche zu einer anderen, häufig einer aktuelleren Basis zu ermitteln, definiert man einen umbasierten Index in Analogie zu umbasierten Messzahlen:
Das Umbasieren von Messzahlen geschieht mittels Bruchrechnung in der Form

$$\begin{aligned} M_\nu^t &= \frac{x_t}{x_\nu} = \frac{x_t}{x_0} \cdot \frac{x_0}{x_\nu} \\ &= \frac{M_0^t}{M_0^\nu} = \frac{\text{Originalmesszahl}^t}{\text{Originalmesszahl}^{\text{neue Basis}}}. \end{aligned}$$

Der umbasierte Index wird definiert als

$$\text{umbasierter Index}^t = \frac{\text{Originalindex}^t}{\text{Originalindex}^{\text{neue Basis}}}.$$

$$(I_\nu^t)^* = \frac{I_0^t}{I_0^\nu} \qquad \text{per definitionem}$$

Zu beachten ist, dass dieser Index im Allgemeinen nicht mit dem korrekt berechneten übereinstimmt: $(I_\nu^t)^* \neq I_\nu^t$.

Beispiel:
Preisindizes in der Schweiz, Deutschland und Östereich:

	CH	D	A
Jahr\Basis	1966	1980	1966
1984	2.183	1.184	2.600
1985	2.258	1.209	2.683
1986	2.275	1.207	2.728

Umbasieren der Indexreihen auf die Basis 1984:

Jeder Index einer Spalte wird durch den Index I_{1966}^{1984} beziehungsweise I_{1980}^{1984} geteilt.

	CH	D	A
Jahr\Basis	1984	1984	1984
1984	1.000	1.000	1.000
1985	$\frac{2.258}{2.183} = 1.034$	$\frac{1.209}{1.184} = 1.021$	$\frac{2.683}{2.600} = 1.032$
1986	$\frac{2.275}{2.183} = 1.042$	$\frac{1.207}{1.184} = 1.019$	$\frac{2.728}{2.600} = 1.049$

Insbesondere für den Preisindex nach Laspeyres bedeutet das:

$$P_\nu^t = \frac{\sum_{i=1}^m p_i^t \cdot q_i^\nu}{\sum_{i=1}^m p_i^\nu \cdot q_i^\nu} = \frac{p_1^t \cdot q_1^\nu + \cdots + p_m^t \cdot q_m^\nu}{p_1^\nu \cdot q_1^\nu + \cdots + p_m^\nu \cdot q_m^\nu}$$

wogegen der umbasierte Index definiert ist als

$$(P_\nu^t)^* = \frac{P_0^t}{P_0^\nu} = \frac{\dfrac{\sum_{i=1}^m p_i^t \cdot q_i^0}{\sum_{i=1}^m p_i^0 \cdot q_i^0}}{\dfrac{\sum_{i=1}^m p_i^\nu \cdot q_i^0}{\sum_{i=1}^m p_i^0 \cdot q_i^0}} = \frac{p_1^t \cdot q_1^0 + \cdots + p_m^t \cdot q_m^0}{p_1^\nu \cdot q_1^0 + \cdots + p_m^\nu \cdot q_m^0}$$

Beim umbasierten Index werden die Gütermengen der (meist älteren) Periode 0 anstelle der Gütermengen der Periode ν benutzt. Die Struktur des Index ist allerdings die gewünschte: Es handelt sich um einen einfachen Bruch, bei dem im Zähler die Preise der Berichtsperiode t und im Nenner die Preise der neuen Basisperiode ν verwandt werden.

Insbesondere für den Preisindex nach Paasche ergibt sich:

$$P_\nu^t = \frac{\sum_{i=1}^m p_i^t \cdot q_i^t}{\sum_{i=1}^m p_i^\nu \cdot q_i^t} = \frac{p_1^t \cdot q_1^t + \cdots + p_m^t \cdot q_m^t}{p_1^\nu \cdot q_1^t + \cdots + p_m^\nu \cdot q_m^t}$$

wogegen der umbasierte Index definiert ist als

$$(P_\nu^t)^* = \frac{P_0^t}{P_0^\nu} = \frac{\frac{\sum_{i=1}^m p_i^t \cdot q_i^t}{\sum_{i=1}^m p_i^0 \cdot q_i^t}}{\frac{\sum_{i=1}^m p_i^\nu \cdot q_i^\nu}{\sum_{i=1}^m p_i^0 \cdot q_i^\nu}} = \frac{\frac{p_1^t \cdot q_1^t + \cdots + p_m^t \cdot q_m^t}{p_1^0 \cdot q_1^t + \cdots + p_m^0 \cdot q_m^t}}{\frac{p_1^\nu \cdot q_1^\nu + \cdots + p_m^\nu \cdot q_m^\nu}{p_1^0 \cdot q_1^\nu + \cdots + p_m^0 \cdot q_m^\nu}}$$

Dieser Ausdruck kann nicht vereinfacht werden; der umbasierte Index spiegelt nicht die gewünschte Struktur wider.

7.2.2 Verkettung

Es kommt immer wieder vor, dass Indexreihen $I_0^1, I_0^2, \ldots, I_0^t, \ldots$ und $I_\nu^t, I_\nu^{t+1}, \ldots$ zu zwei verschiedenen Basen erhoben wurden und zusammengeführt werden sollen. Auch hier überträgt man eine Vorgehensweise, die für Messzahlen korrekt wäre, auf Indexzahlen. Man benötigt hierzu einen Zeitpunkt t, zu dem beide Indizes I_0^t und I_ν^t gegeben sind.

Im Fall von Messzahlen könnte man Messzahlen M_0^{t+h} wie auch Messzahlen M_ν^{t-h} daraus berechnen:

$$\begin{aligned}
M_0^{t+h} &= \frac{x_{t+h}}{x_0} \\
&= \frac{x_{t+h}}{x_\nu} \cdot \frac{x_\nu}{x_t} \cdot \frac{x_t}{x_0} \\
&= M_\nu^{t+h} \cdot \frac{M_0^t}{M_\nu^t} \\
M_\nu^{t-h} &= \frac{x_{t-h}}{x_\nu} \\
&= \frac{x_{t-h}}{x_0} \cdot \frac{x_0}{x_t} \cdot \frac{x_t}{x_\nu} \\
&= M_0^{t-h} \cdot \frac{M_\nu^t}{M_0^t}
\end{aligned}$$

Bei Indexreihen geht man in Analogie vor und definiert

$$\begin{aligned}
\left(I_0^{t+h}\right)^* &= I_\nu^{t+h} \cdot \frac{I_0^t}{I_\nu^t} \\
\left(I_\nu^{t-h}\right)^* &= I_0^{t-h} \cdot \frac{I_\nu^t}{I_0^t}
\end{aligned}$$

Beispiel:
Preisindizes in Deutschland

Jahr\Basis	1982	1984
1982	1.000	
1983	1.032	
1984	1.057	1.000
1985	1.060	1.021
1986		1.019

Die fehlenden Einträge werden mittels obiger Formel ergänzt:

Jahr\Basis	1982	1984
1982	1.000	$1.000 \cdot \frac{1.000}{1.057} = 0.946$
1983	1.032	$1.032 \cdot \frac{1.000}{1.057} = 0.976$
1984	1.057	1.000
1985	1.060	1.021
1986	$1.019 \cdot \frac{1.060}{1.021} = 1.058$	1.019

Insgesamt:

Periode\Basis	0	ν
$t-h$	I_0^{t-h}	$\boxed{I_0^{t-h} \cdot \frac{I_\nu^t}{I_0^t}}$
t	I_0^t	I_ν^t
$t+h$	$\boxed{I_\nu^{t+h} \cdot \frac{I_0^t}{I_\nu^t}}$	I_ν^{t+h}

Bemerkung:
Zum Fortführen einer Zeitreihe benutzt man den spätesten gemeinsamen Zeitpunkt beider Zeitreihen.

Zum Rückrechnen einer Zeitreihe benutzt man den frühesten gemeinsamen Zeitpunkt beider Zeitreihen.

7.3 Rezeptartige Lösungswege

Aufgabe: Preisindizes nach Laspeyres, Paasche und Fisher ermitteln
Zu zwei Zeitpunkten 0 und t für verschiedene Güter
jeweils Preis und Menge oder
jeweils Preis und Umsatz oder
Menge und Umsatz
(a) Preisindex nach Laspeyres für die Berichtsperiode t zur Basis 0
(b) Preisindex nach Paasche für die Berichtsperiode t zur Basis 0
(c) Preisindex nach Fisher für die Berichtsperiode t zur Basis 0

Lösungsweg:
(a) Preisindex nach Laspeyres: Formel 5.2.2.1 in Formelsammlung
Zähler = fiktive Umsätze zur Zeit t, wenn dieselben Mengen gekauft worden wären wie zur Zeit 0
Nenner = tatsächliche Umsätze zur Zeit 0
(b) Preisindex nach Paasche: Formel 5.2.2.2
Zähler = tatsächliche Umsätze zur Zeit t
Nenner = fiktive Umsätze zur Zeit 0, wenn dieselben Mengen gekauft worden wären wie zur Zeit t
(c) Preisindex nach Fisher: Formel 5.2.2.5
= Wurzel aus dem Produkt der anderen beiden

s. Aufgabe 7.1, S. 197 | s. Aufgabe 7.2, S. 197

Aufgabe: Mengenindizes nach Laspeyres, Paasche und Fisher ermitteln
Zu zwei Zeitpunkten 0 und t für verschiedene Güter
jeweils Preis und Menge oder
jeweils Preis und Umsatz oder
Menge und Umsatz
(a) Mengenindex nach Laspeyres für die Berichtsperiode t zur Basis 0
(b) Mengenindex nach Paasche für die Berichtsperiode t zur Basis 0
(c) Mengenindex nach Fisher für die Berichtsperiode t zur Basis 0

Lösungsweg:
(a) Mengenindex nach Laspeyres: Formel 5.2.2.3
Zähler = fiktive Umsätze zur Zeit t, wenn dieselben Preise gegolten hätten wie zur Zeit 0
Nenner = tatsächliche Umsätze zur Zeit 0

(b) Mengenindex nach Paasche: Formel 5.2.2.4

Zähler = tatsächliche Umsätze zur Zeit t

Nenner = fiktive Umsätze zur Zeit 0, wenn dieselben Preise gegolten hätten wie zur Zeit t

(c) Mengenindex nach Fisher: Formel 5.2.2.5

= Wurzel aus dem Produkt der anderen beiden

s. Aufgabe 7.2, S. 197

Aufgabe: Wertindex ermitteln

Zu zwei Zeitpunkten 0 und t für verschiedene Güter
jeweils Preis und Menge oder
jeweils Preis und Umsatz oder
Menge und Umsatz
Wertindex

Lösungsweg: Formel 5.2.2.6

Zähler = tatsächliche Umsätze zur Zeit t

Nenner = tatsächliche Umsätze zur Zeit 0

s. Aufgabe 7.2, S. 197

Aufgabe: Umbasieren von Preisindizes

Preisindizes für Berichtsperioden $1, \ldots, T$ zur Basis 0
Preisindizes für Berichtsperioden $1, \ldots, T$ zur Basis t, wobei t einer der Zeitpunkte $1, \ldots, T$ ist

Lösungsweg:

Man geht vor, als handle es sich um einfache Messzahlen und Bruchrechnung, obwohl es nicht zutrifft.

s. Aufgabe 7.3, S. 197

Aufgabe: Verketten von Preisindizes

Zwei Ketten von Indexreihen zu unterschiedlichen Basen mit mindestens einer Überschneidung
Zwei vollständige Ketten von Indexreihen

Lösungsweg:

Man geht vor, als handle es sich um einfache Messzahlen und Bruchrechnung, obwohl es nicht zutrifft.

s. Aufgabe 7.4, S. 198

7.4 Übungsaufgaben

Aufgabe 7.1
Haushalte mögen in den Jahren 2012 und 2013 ihre Ausgaben für Brot, Butter und Autos entsprechend folgender Tabelle aufgeteilt haben:

Gut	Menge 2012	Preis 2012	Menge 2013	Preis 2013
Brot [kg]	5200	2.80	5500	2.90
Butter [kg]	300	0.85	250	1.05
Auto [Stück]	0.1	10000	0.09	12000

Berechnen Sie die Preisindizes nach Laspeyres, Paasche und Fisher zur Basis 2012.

Aufgabe 7.2
Folgende Angaben sind bekannt: (Umsätze in Millionen, Stückpreise in Euro)

Jahr	Quark		Joghurt	
	Umsatz	Stückpreis	Umsatz	Stückpreis
2012	4	0.5	5	0.2
2013	6	0.6	7	0.25

Berechnen Sie
(a) den Preisindex nach Laspeyres,
(b) den Mengenindex nach Laspeyres,
(c) den Wertindex.

Aufgabe 7.3
Folgende Preisindexreihen sind gegeben:

Jahr\Basis	Berlin 1995	München 1997
2000	1.05	1.02
2001	1.04	1.03
2002	1.06	1.02
2003	1.08	1.07
2004	1.10	1.11
2005	1.11	1.13
2006	1.12	1.14

Basieren Sie um auf die Basis 2000.

Aufgabe 7.4
Gegeben ist folgende Tabelle von Indizes:

Jahr\Basis	2002	2004
2002	1.000	
2003	1.022	
2004	1.045	1.000
2005	1.088	1.041
2006		1.030

Setzen Sie beide Zeitreihen fort.

7.5 Lösungen

Lösung 7.1
Haushalte mögen in den Jahren 2012 und 2013 ihre Ausgaben für Brot, Butter und Autos entsprechend folgender Tabelle aufgeteilt haben:

Gut	Menge 2012	Preis 2012	Menge 2013	Preis 2013
Brot [kg]	5200	2.80	5500	2.90
Butter [kg]	300	0.85	250	1.05
Auto [Stück]	0.1	10000	0.09	12000

Preisindex nach Laspeyres:

Gut	q_i^0	p_i^0	q_i^1	p_i^1	$p_i^t \cdot q_i^0$
Brot	5200	2.80	5500	2.90	$2.9 \cdot 5200 = 15080$
Butter	300	0.85	250	1.05	$1.05 \cdot 300 = 315$
Auto	0.1	10000	0.09	12000	$12000 \cdot 0.1 = 1200$
Summe	15815.0				16595.0
${}_LIP_{2012}^{2013}$					$\frac{16595}{15815} = 1.0493$

Preisindex nach Paasche:

Gut	q_i^0	p_i^0	q_i^1	p_i^1	$p_i^0 \cdot q_i^t$
Brot	5200	2.80	5500	2.90	$2.8 \cdot 5500 = 15400.0$
Butter	300	0.85	250	1.05	$0.85 \cdot 250 = 212.5$
Auto	0.1	10000	0.09	12000	$10000 \cdot 0.09 = 900$
Summe			17292.5		16512.5
${}_PIP_{2012}^{2013}$			$\frac{17292.5}{16512.5} = 1.0472$		

Preisindex nach Fisher:

$$ {}_FIP_{2012}^{2013} = \sqrt{1.0493 \cdot 1.0472} = 1.0482 $$

Lösung 7.2

Folgende Angaben sind bekannt: (Umsätze in Millionen, Stückpreise in Euro)

Jahr	Quark		Joghurt	
	Umsatz	Stückpreis	Umsatz	Stückpreis
2012	4	0.5	5	0.2
2013	6	0.6	7	0.25

Zunächst Berechnung der verkauften Mengen:

Jahr	Quark			Joghurt		
	Umsatz	Preis	Menge	Umsatz	Preis	Menge
2012	4	0.5	$\frac{4}{0.5} = 8$	5	0.2	$\frac{5}{0.2} = 25$
2013	6	0.6	$\frac{6}{0.6} = 10$	7	0.25	$\frac{7}{0.25} = 28$

(a) Preisindex nach Laspeyres:

$${}_L IP_{2012}^{2013} = \frac{0.6 \cdot 8 + 0.25 \cdot 25}{4+5} = 1.22\bar{7}$$

(b) Mengenindex nach Laspeyres:

$${}_L IM_{2012}^{2013} = \frac{0.5 \cdot 10 + 0.2 \cdot 28}{4+5} = 1.1\bar{7}$$

(c) Wertindex:

$$IW = \frac{6+7}{4+5} = 1.\bar{4}$$

Lösung 7.3

Folgende Preisindexreihen sind gegeben:

	Berlin	München
Jahr\Basis	1995	1997
2000	1.05	1.02
2001	1.04	1.03
2002	1.06	1.02
2003	1.08	1.07
2004	1.10	1.11
2005	1.11	1.13
2006	1.12	1.14

Umbasierung auf die Basis 2000:

Jahr\Basis	Berlin 1995	München 1997	Berlin 2000	München 2000
2000	1.05	1.02	1.00	1.00
2001	1.04	1.03	$\frac{1.04}{1.05} = 0.99$	$\frac{1.03}{1.02} = 1.01$
2002	1.06	1.02	$\frac{1.06}{1.05} = 1.01$	$\frac{1.02}{1.02} = 1.00$
2003	1.08	1.07	$\frac{1.08}{1.05} = 1.03$	$\frac{1.07}{1.02} = 1.05$
2004	1.10	1.11	$\frac{1.10}{1.05} = 1.05$	$\frac{1.11}{1.02} = 1.09$
2005	1.11	1.13	$\frac{1.11}{1.05} = 1.06$	$\frac{1.13}{1.02} = 1.11$
2006	1.12	1.14	$\frac{1.12}{1.05} = 1.07$	$\frac{1.14}{1.02} = 1.12$

Lösung 7.4
Gegeben ist folgende Tabelle von Indizes:

Jahr\Basis	2002	2004
2002	1.000	
2003	1.022	
2004	1.045	1.000
2005	1.088	1.041
2006		1.030

Fortsetzung beider Zeitreihen:

Jahr\Basis	2002	2004
2002	1.000	$1.000 \cdot \frac{1.000}{1.045} = 0.957$
2003	1.022	$1.022 \cdot \frac{1.000}{1.045} = 0.978$
2004	1.045	1.000
2005	1.088	1.041
2006	$1.030 \cdot \frac{1.088}{1.041} = 1.0765$	1.030

8 Musterklausuren

Die folgenden Musterklausuren sind auf eine Bearbeitungszeit von 60 Minuten abgestimmt.

8.1 Klausuren

8.1.1 Klausur 1

Aufgabe 8.1 **(5 Punkte)**
Geben Sie zu den folgenden Merkmalen an, auf welcher Skala sie gemessen werden können und begründen Sie kurz ihre Wahl:

(a) Farbe eines Hauses
(b) Hochschulrating
(c) Anzahl der Kunden eines Einzelhandelsgeschäfts
(d) Güteklasse von Bananen
(e) Wasserverbrauch in Liter/Tag

Aufgabe 8.2 **(20 Punkte)**
Fünf Personen wurden nach der Anzahl ihrer Fahrräder befragt:

4 Fahrräder 5 Fahrräder 8 Fahrräder 3 Fahrräder 5 Fahrräder

(a) Erstellen Sie die Tabelle der relativen Häufigkeiten und der relativen Summenhäufigkeiten.
(b) Stellen Sie die relative Häufigkeitsverteilung und die empirische Verteilungsfunktion grafisch dar.
(c) Bestimmen Sie den Anteil der Personen, die höchstens 6 Fahrräder besitzen.
(d) Bestimmen Sie den Anteil der Personen, die mindestens 5 Fahrräder besitzen.
(e) Bestimmen Sie den Median, unteres und oberes Quartil und den arithmetischen Mittelwert.
(f) Zeichnen Sie das Boxplot.
(g) Ermitteln Sie Varianz und Standardabweichung dieses Datensatzes.

Aufgabe 8.3 **(4 Punkte)**
(a) Bestimmen Sie die mittlere Preissteigerungsrate einer Ware, die im ersten Jahr um 10 %, im zweiten Jahr um 10 % und im dritten Jahr um 50 % teurer wurde.

(b) Ermitteln Sie den mittleren Anteil der Skateboardfahrer aus zwei Gruppen, wenn folgende Tabelle gegeben ist:

Gruppe	A	B
Anzahl Skateboardfahrer	40	16
Anteil Skateboardfahrer [%]	20	80

Aufgabe 8.4 **(15 Punkte)**

In einem Patienten wurden vier Mutanten eines Virus gefunden:

Mutant	A	B	C	D
Anteil	0.125	0.25	0.25	0.375

(a) Zeichnen Sie die Lorenzkurve.
(b) Berechnen Sie den Gini-Koeffizienten.
(c) Bestimmen Sie den Herfindahl-Index.
(d) Ermitteln Sie die Konzentrationsrate der beiden am stärksten vertretenen Mutanten.

Aufgabe 8.5 **(16 Punkte)**

Karl hat begonnen zu joggen.
Er hat jedes Jahr die Anzahl der Tage, an denen er joggte, notiert:

Jahr [t]	1	2	3	4	5	6
Zahl Tage mit Joggen [x]	20	80	120	200	250	300

Hieraus ergeben sich folgende Zwischenergebnisse:

$$\sum_{i=1}^{6}(t_i - \bar{t})^2 = 17.5$$

$$\sum_{i=1}^{6}(t_i - \bar{t}) \cdot (x_i - \bar{x}) = 995.0$$

(a) Ermitteln Sie die Trendfunktion.
(b) Berechnen Sie aus der Trendfunktion die Prognose für das folgende Jahr.
(c) Zeichnen Sie die Datenpunkte zusammen mit der Prognose für das nächste Jahr.
(d) Wenn man die Daten logarithmiert, erhält man als Trendfunktion der logarithmierten Daten $\tilde{g}(t) = 1.685 + 0.121 \cdot t$.
Berechnen Sie aus der Trendfunktion der logarithmierten Daten die zugehörige Trendfunktion der Originaldaten und damit die Prognose für das nächste Jahr. (Das Ergebnis ist anders als bei Punkt (b).)
(e) Beschreiben Sie, auf welche Grenzen diese Modelle stoßen.

8.1.2 Klausur 2

Aufgabe 8.6 **(5 Punkte)**
Bestimmen Sie für die folgenden Merkmale, ob sie qualitativ oder quantitativ sind:

(a) Augenfarbe
(b) Gewicht
(c) Güteklasse von Äpfeln
(d) Häufigkeit von sportlichen Aktivitäten
(e) Temperatur in °C

Geben Sie bei qualitativen Merkmalen an, ob sie nominal oder ordinal sind. Geben Sie ferner bei quantitativen Merkmalen an, ob sie diskret oder stetig sind.

Aufgabe 8.7 **(11 Punkte)**
Einige Personen wurden befragt, wie viele Pflanzen sie im Büro haben. Das Ergebnis ist in der folgenden Tabelle zusammengestellt:

Anzahl a_j Pflanzen	Anteil r_j Personen
0	0.1
1	0.2
2	0.2
3	0.25
4	0.15
5	0.1

(a) Erweitern Sie die Tabelle um die Werte der empirischen Verteilungsfunktion.
(b) Bestimmen Sie den Anteil der Personen, die höchstens 3 Pflanzen im Büro haben.
(c) Ermitteln Sie den Anteil der Personen, die mindestens 3 Pflanzen im Büro haben.
(d) Berechnen Sie das arithmetische Mittel und den Median, das 10 %-Quantil und das 90 %-Quantil.
(e) Berechnen Sie Varianz und Standardabweichung dieses Datensatzes.

Aufgabe 8.8 **(20 Punkte)**
Im Rahmen einer Untersuchung zur Verbreitung von Smartphones wurden 250 Personen verschiedener Altersgruppen (Merkmal X) gefragt, wie viele Smartphones sie in den letzten fünf Jahren angeschafft haben (Merkmal Y).

X \ Y	0	1	2	3	4
15 – 35 Jahre	10	30	25	13	2
35 – 45 Jahre	30	50	20	7	3
45 – 75 Jahre	25	20	15	0	0

(a) Ermitteln Sie die zweidimensionale relative Häufigkeitsverteilung und die Randverteilungen von X und Y.

(b) Bestimmen Sie das arithmetische Mittel und die Varianz zwischen den Klassen von X; nehmen Sie dabei an, dieser Datensatz würde für Erkenntnisse über die größere Grundgesamtheit in ganz Deutschland genutzt.

(c) Bestimmen Sie, wie viele Smartphones von den Befragten insgesamt gekauft wurden.

(d) Berechnen Sie, wie viel Prozent dieser Smartphones auf die Gruppe der über 45-Jährigen entfielen.

(e) Ermitteln Sie, wie viele Smartphones jeder der über 45-Jährigen im Durchschnitt gekauft hat.

Aufgabe 8.9 **(4 Punkte)**

(a) In einem Schwimmverein gibt es drei Beitragsklassen:
Sechzig Prozent der Mitglieder sind Kinder und bezahlen monatlich 15 Euro, dreißig Prozent der Mitglieder sind aktive Erwachsene und bezahlen monatlich 30 Euro, zehn Prozent der Mitglieder sind passive Mitglieder; sie zahlen 10 Euro monatlich.
Berechnen Sie den durchschnittlichen Monatsbeitrag, den Vereinsmitglieder zahlen.

(b) Ermitteln Sie den mittleren Anteil der Vegetarier aus zwei Gruppen, wenn folgende Tabelle gegeben ist:

Gruppe	A	B
Anzahl Gruppenmitglieder	40	16
Anteil Vegetarier [%]	20	50

Aufgabe 8.10 **(4 Punkte)**

Der Markt für Teegläser teile sich wie folgt auf vier Unternehmungen auf:

Unternehmung	A	B	C	D
Umsatz [10 Mio. Euro]	2	3	1	14

Berechnen Sie die Konzentrationsraten der größten zwei und drei Teilnehmer.

Aufgabe 8.11 **(4 Punkte)**
Zu drei Getränken sind Preise und Verkaufsmengen zweier Jahre bekannt:

Gut	Menge 2013	Preis 2013	Menge 2014	Preis 2014
Limo	100	2	75	3
Cola	200	3	250	2
Wasser	50	1	100	2

Ermitteln Sie die Preisindizes von Laspeyres und Paasche.

Aufgabe 8.12 **(12 Punkte)**
Zwischen dem Gewinn G und dem Werbebudget X einer Unternehmung wird ein linearer Zusammenhang angenommen. Über 10 Monate hat man folgende Beobachtungswerte (je in Tsd. Euro) ermittelt:

x_i	20	20	24	30	25	26	28	34	30	33
g_i	180	160	200	250	250	220	250	280	310	330

Daraus ergeben sich folgende Größen:

$$\sum_{i=1}^{10} x_i = 270$$
$$\sum_{i=1}^{10} g_i = 2430$$
$$\sum_{i=1}^{10} x_i^2 = 7506$$
$$\sum_{i=1}^{10} g_i^2 = 617300$$
$$\sum_{i=1}^{10} x_i \cdot g_i = 67780$$

(a) Bestimmen Sie die lineare Regressionsfunktion.
(b) Ermitteln Sie den Korrelationskoeffizienten r und interpretieren Sie das Ergebnis.

8.1.3 Klausur 3

Aufgabe 8.13 **(4 Punkte)**
Nennen Sie vier Merkmale mit ihren unterschiedlichen Skalen.

Aufgabe 8.14 **(20 Punkte)**
Die Lebensdauer (in Jahren) von zehn Spülmaschinen eines bestimmten Herstellers wurde ermittelt:

Lebensdauer	Anzahl Spülmaschinen
bis 2	1
über 2 bis 4 einschließlich	1
über 4 bis 6 einschließlich	2
über 6 bis 8 einschließlich	3
über 8 bis 15 einschließlich	3

(a) Erweitern Sie die Tabelle um die relativen Häufigkeiten, die absoluten und die relativen Summenhäufigkeiten.
(b) Stellen Sie die empirische Verteilungsfunktion grafisch dar.
(c) Bestimmen Sie, wie viele Geräte höchstens vier Jahre hielten.
(d) Ermitteln Sie, wie viele Geräte mindestens sechs Jahre hielten.
(e) Schätzen Sie den Median.
(f) Schätzen sie das arithmetische Mittel.
(g) Schätzen Sie die Standardabweichung zwischen den Klassen unter der Annahme, dass dies ein vollständiger Datensatz ist.

Aufgabe 8.15 **(10 Punkte)**
Geben Sie bei den folgenden Berechnungen mit einer *kurzen* Begründung an, welcher Mittelwert bestimmt wird und berechnen Sie jeweils den Mittelwert:

(a) Der Preis einer Ware wird über drei Jahre betrachtet. Im ersten Jahr steigt er um 30 %, im zweiten fällt er um 15 % und im dritten steigt er wieder um 20 %. Bestimmen Sie, wie groß die durchschnittliche jährliche Preisänderung ist (in % mit 2 Nachkommastellen).
(b) Ein Sportverein hat drei Beitragsklassen. Die Hälfte der Mitglieder zahlt 250 Euro, ein Drittel 150 Euro und der Rest 120 Euro pro Jahr.
Bestimmen Sie den Durchschnittsbeitrag.

Aufgabe 8.16 **(12 Punkte)**
In einem Land soll die durchschnittliche Preisentwicklung bei Luxus-Duschgels untersucht werden. Gegeben sind folgende Daten (Menge in 1000 Stück, Preise in Euro):

	A		B	
Jahr	Menge	Preis	Menge	Preis
2010	10	45	5	20
2011	12	50	6	15

(a) Berechnen Sie die Preisindizes nach Laspeyres, Paasche und Fisher für die Berichtsperioden 2011 zur Basisperiode 2010.

(b) Schildern Sie, wo bei den Preisindizes nach Laspeyres und Paasche tatsächliche Umsätze verwendet werden.
(c) Berechnen Sie die Mengenindizes nach Laspeyres und Paasche.
(d) Ermitteln Sie den Wertindex.

Aufgabe 8.17 **(14 Punkte)**
Annika war sehr unsportlich. Sie hat sich dann entschlossen, regelmäßig zu schwimmen.

Ihre Ausdauer hat sich in den vergangenen Monaten sehr verbessert und sie hat die längste Zeit, die sie jeweils geschwommen ist, notiert:

Monat [t]	1	2	3	4	5
Zeit [min.] [x]	15	20	30	40	50

Daraus resultieren folgende Zwischenergebnisse:

$$\sum_{i=1}^{n}(t_i - \bar{t})^2 = 10$$
$$\sum_{i=1}^{n}(t_i - \bar{t}) \cdot (x_i - \bar{x}) = 90$$

(a) Ermitteln Sie die Trendgerade g_t.
(b) Zeichnen Sie die Datenpunkte zusammen mit der Trendgeraden.
(c) Logarithmiert man die Daten zur Basis 10, so ergibt sich als Regressionsgerade der logarithmierten Daten $\tilde{g}_t = 1.047 + 0.135 \cdot t$.
Berechnen Sie aus der hierzu gehörigen Trendfunktion der Originaldaten die Prognose für den folgenden Monat.
(d) Beschreiben Sie, unter welchen Umständen Sie eine lineare Trendfunktion und unter welchen Umständen Sie eine exponentielle Trendfunktion wählen würden.

8.2 Lösungen

8.2.1 Klausur 1

Lösung 8.1
Merkmale und ihre Skalen:

(a) Farbe eines Hauses: nominal
Die Farbe eines Hauses kann nicht hierarchisch angeordnet werden.

(b) Hochschulrating: ordinal
Hochschulen können gut oder schlecht bewertet werden, es gibt eine natürliche Hierarchie.
(c) Anzahl der Kunden eines Einzelhandelsgeschäfts: metrisch, Absolutskala
Es gibt einen absoluten Nullpunkt, es gibt doppelte Anzahlen etc.
(d) Güteklasse von Bananen: ordinal
Bananen können gut oder schlecht sein, es gibt eine natürliche Hierarchie.
(e) Wasserverbrauch in Liter/Tag: metrisch, Verhältnisskala
Es gibt einen absoluten Nullpunkt, Verbrauch kann z. B. verdoppelt werden.

Lösung 8.2
Fünf Personen wurden nach der Anzahl ihrer Fahrräder befragt:

4 Fahrräder 5 Fahrräder 8 Fahrräder 3 Fahrräder 5 Fahrräder

(a) Tabelle:

a_j	h_j	r_j	H_n	F_n
3	1	0.2	1	0.2
4	1	0.2	2	0.4
5	2	0.4	4	0.8
8	1	0.2	5	1.0

(b) Grafische Darstellungen:

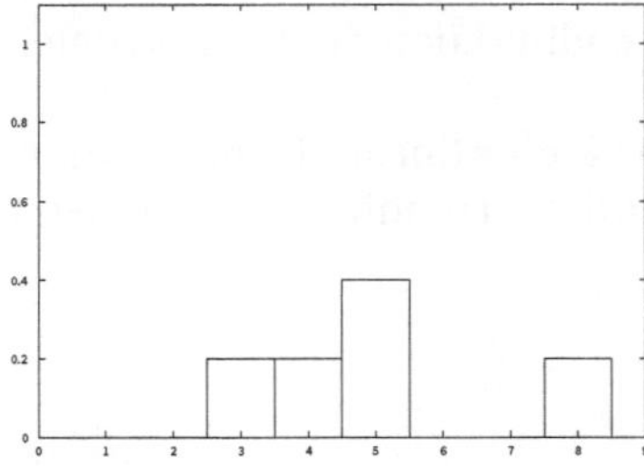

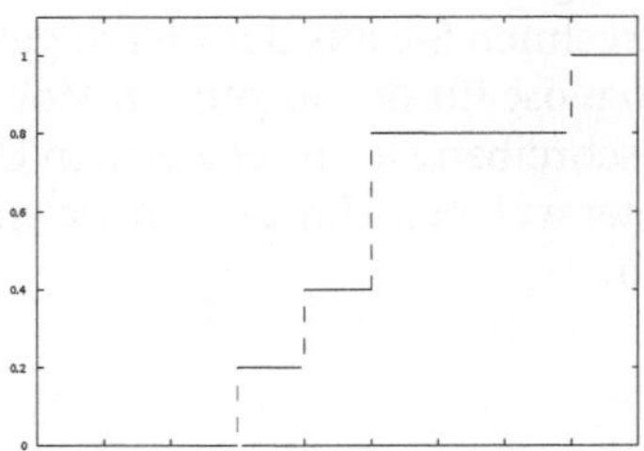

(c) Der Anteil der Personen, die höchstens 6 Fahrräder besitzen, liegt laut Tabelle bei 0.8.
(d) Der Anteil der Personen, die mindestens 5 Fahrräder besitzen, liegt laut Tabelle bei $1 - 0.4 = 0.6$.
(e) Median, unteres und oberes Quartil und arithmetisches Mittel:

$$\begin{aligned} \tilde{x} &= 5.0 \\ \tilde{x}_{0.25} &= 4.0 \\ \tilde{x}_{0.75} &= 5.0 \\ \bar{x} &= 5.0 \\ &= 0.2 \cdot 3 + 0.2 \cdot 4 + 0.4 \cdot 5 + 0.2 \cdot 8 \end{aligned}$$

(f)

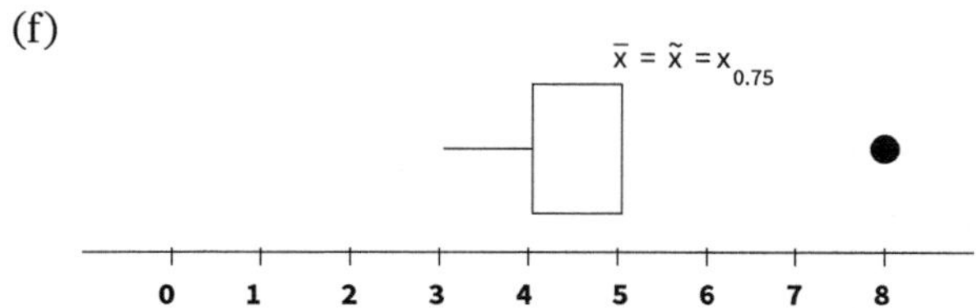

(g) Varianz und Standardabweichung:

$$\begin{aligned} \hat{s}^2 &= 2.8 \\ &= \frac{1}{5} \cdot (1 \cdot (3-5)^2 + 1 \cdot (4-5)^2 + 0 + (8-5)^2) = \frac{14}{4} \\ \hat{s} &= 1.67332 \end{aligned}$$

Lösung 8.3

(a) Mittlere Preissteigerungsrate einer Ware, die im ersten Jahr um 10 %, im zweiten Jahr um 10 % und im dritten Jahr um 50 % teurer wurde:

$$\begin{aligned} \bar{q} &= \sqrt[3]{1.1 \cdot 1.1 \cdot 1.5} \\ &= 1.21981 \end{aligned}$$

(b) Zwei Gruppen sind gegeben:

Gruppe	A	B
Anzahl Skateboardfahrer	40	16
Anteil Skateboardfahrer [%]	20	80

Mittlerer Anteil der Skateboardfahrer:

Gruppe	A	B
Anzahl Skateboardfahrer	40	16
Anteil Skateboardfahrer [%]	20	80
Anzahl Gruppenmitglieder	$\frac{40}{0.2} = 200$	$\frac{16}{0.8} = 20$

$$\begin{aligned} \bar{x}_h &= \frac{40+16}{200+20} \\ &= 0.25\overline{45} \end{aligned}$$

Lösung 8.4

In einem Patienten wurden vier Mutanten eines Virus gefunden:

Mutant	A	B	C	D
Anteil	0.125	0.25	0.25	0.375

(a) Lorenzkurve:

Anzahl der Mutanten $n = 4$

Mutant	A	B	C	D
u_k	0.25	0.5	0.75	1
p_k	0.125	0.25	0.25	0.375
v_k	0.125	0.375	0.625	1

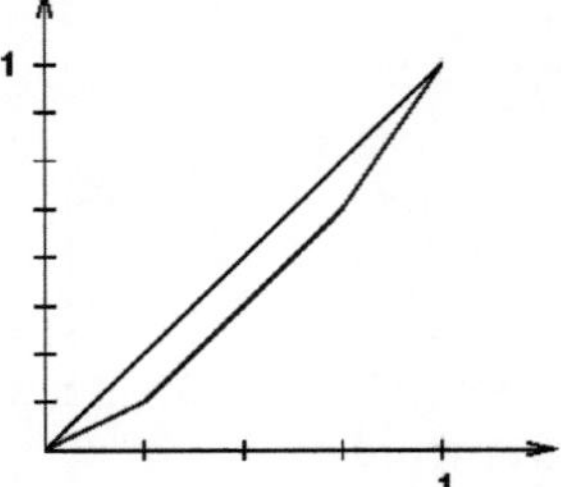

(b) Gini-Koeffizient:

$$G = \frac{1}{4} \cdot (3 - 2 \cdot (0.125 + 0.375 + 0.625)) = 0.1875$$

(c) Herfindahl-Index:

$$H = 0.125^2 + 0.25^2 + 0.25^2 + 0.375^2 = 0.28125$$

(d) Konzentrationsrate der beiden am stärksten vertretenen Mutanten:

$$CR_2 = 0.25 + 0.375 = 0.625$$

Lösung 8.5

Karl hat begonnen zu joggen.
Er hat jedes Jahr die Anzahl der Tage, an denen er joggte, notiert:

Jahr $[t]$	1	2	3	4	5	6
Zahl Tage mit Joggen $[x]$	20	80	120	200	250	300

Hieraus ergeben sich folgende Zwischenergebnisse:

$$\sum_{i=1}^{6}(t_i - \bar{t})^2 = 17.5$$

$$\sum_{i=1}^{6}(t_i - \bar{t}) \cdot (x_i - \bar{x}) = 995.0$$

(a) Trendfunktion:

$$\begin{aligned} \bar{x} &= 161.\bar{6} \\ \bar{t} &= 3.5 \\ b &= \frac{s_{tx}}{s_t^2} = 56.857 \\ a &= \bar{x} - b \cdot \bar{t} = -37.\bar{3} \\ g(t) &= -37.\bar{3} + 56.857 \cdot t \end{aligned}$$

(b) Prognose:

$$g(7) = -37.\bar{3} + 56.857 \cdot 7 = 360.\bar{6}$$

(c) Zeichnung:

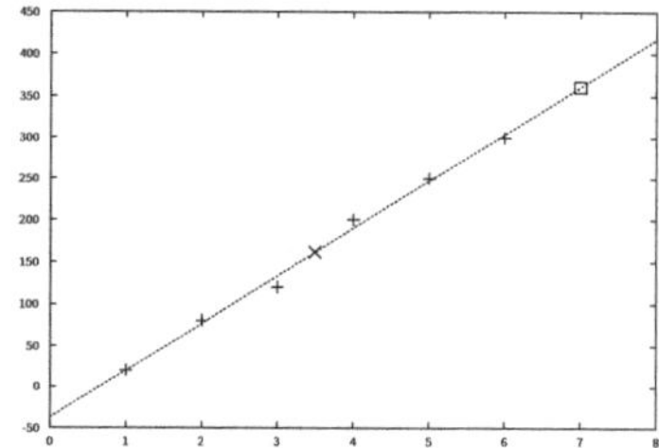

(d) Trendfunktion und Prognose beim multiplikativen Modell:

$$\begin{aligned} \tilde{x}(t) &= 1.685 + 0.121 \cdot t \\ x_t &= 10^{1.685+0.121 \cdot t} \\ x_7 &= 10^{1.685+0.121 \cdot 7} = 340.408 \end{aligned}$$

(e) Beide Trendfunktionen sind theoretisch unbegrenzt, aber für weitere Jahre würden Sie mehr Joggingtage pro Jahr vorhersagen als ein Jahr Tage hat.

8.2.2 Klausur 2

Lösung 8.6

Bestimmung, ob Merkmale qualitativ oder quantitativ, nominal oder ordinal, diskret oder stetig sind:

(a) Augenfarbe: qualitativ, nominal
(b) Gewicht: quantitativ, stetig
(c) Güteklasse von Äpfeln: qualitativ, ordinal
(d) Häufigkeit von sportlichen Aktivitäten: quantitativ, diskret
(e) Temperatur in °C: quantitativ, stetig

Lösung 8.7

Einige Personen wurden befragt, wie viele Pflanzen sie im Büro haben. Das Ergebnis ist in der folgenden Tabelle zusammengestellt:

Anzahl a_j Pflanzen	Anteil r_j Personen
0	0.1
1	0.2
2	0.2
3	0.25
4	0.15
5	0.1

(a) Empirische Verteilungsfunktion:

a_j	r_j	$F_n(a_j)$
0	0.1	0.1
1	0.2	0.3
2	0.2	0.5
3	0.25	0.75
4	0.15	0.9
5	0.1	1.0

(b) Anteil der Personen, die höchstens 3 Pflanzen im Büro haben:

$$F_n(3) = 0.75$$

(c) Anteil der Personen, die mindestens 3 Pflanzen im Büro haben:

$$\begin{aligned} 1 - F_n(2) &= 1 - 0.5 \\ &= 0.5 \end{aligned}$$

(d) Arithmetisches Mittel, 10 %-Quantil und 90 %-Quantil:

$$\begin{aligned} \bar{x} &= 0 \cdot 0.1 + 1 \cdot 0.2 + 2 \cdot 0.2 + 3 \cdot 0.25 + 4 \cdot 0.15 + 5 \cdot 0.1 \\ &= 2.45 \end{aligned}$$

$$\begin{aligned} \tilde{x} &= \tfrac{2+3}{2} = 2.5 \text{ laut Tabelle} \\ \tilde{x}_{0.1} &= \tfrac{0+1}{2} = 0.5 \text{ laut Tabelle} \\ \tilde{x}_{0.9} &= \tfrac{4+5}{2} = 4.5 \text{ laut Tabelle} \end{aligned}$$

(e) Varianz und Standardabweichung des Datensatzes:

$$\begin{aligned} \hat{s}^2 &= (0-2.45)^2 \cdot 0.1 + (1-2.45)^2 \cdot 0.2 + (2-2.45)^2 \cdot 0.2 + \\ &\quad (3-2.45)^2 \cdot 0.25 + (4-2.45)^2 \cdot 0.15 + (5-2.45)^2 \cdot 0.1 \\ &= 2.1475 \end{aligned}$$

$$\begin{aligned} \hat{s} &= \sqrt{2.1475} \\ &= 1.4654 \end{aligned}$$

Lösung 8.8

Im Rahmen einer Untersuchung zur Verbreitung von Smartphones wurden 250 Personen verschiedener Altersgruppen (Merkmal X) gefragt, wie viele Smartphones sie in den letzten fünf Jahren angeschafft haben (Merkmal Y).

X \ Y	0	1	2	3	4
15 – 35 Jahre	10	30	25	13	2
35 – 45 Jahre	30	50	20	7	3
45 – 75 Jahre	25	20	15	0	0

(a) Zweidimensionale relative Häufigkeitsverteilung:

X \ Y	0	1	2	3	4	Summe
15 – 35 Jahre	0.04	0.12	0.1	0.052	0.008	0.32
35 – 45 Jahre	0.12	0.2	0.08	0.028	0.012	0.44
45 – 75 Jahre	0.1	0.08	0.06	0	0	0.24
Summe	0.26	0.4	0.24	0.08	0.02	1

(b) Arithmetisches Mittel und Varianz zwischen den Klassen:

$$\begin{aligned} \bar{x} &\approx 25 \cdot 0.32 + 40 \cdot 0.44 + 60 \cdot 0.24 \\ &= 40 \\ s_x^2 &\approx \tfrac{250}{249} \cdot \left((25-40)^2 \cdot 0.32 + (40-40)^2 \cdot 0.44 + (60-40)^2 \cdot 0.24\right) \\ &= 168.67 \end{aligned}$$

(c) Anzahl der insgesamt gekauften Smartphones:

$$\begin{aligned} \text{Anzahl Smartphones} &= 1 \cdot (30+50+20) + 2 \cdot (25+20+15) + \\ &\quad 3 \cdot (13+7) + 4 \cdot (2+3) \\ &= 300 \end{aligned}$$

(d) Prozentsatz der Smartphones, die auf die Gruppe der über 45-Jährigen entfielen:

$$\begin{aligned} \text{Prozentsatz} &= \tfrac{1 \cdot 20 + 2 \cdot 15}{300} \\ &= 0.1\bar{6} \end{aligned}$$

(e) Anzahl der Smartphones, die die über 45-Jährigen im Durchschnitt gekauft haben:

$$\begin{aligned} \text{Durchschnitt} &= \tfrac{20 + 15 \cdot 2}{25 + 20 + 15} \\ &= 0.8\bar{3} \end{aligned}$$

Lösung 8.9

(a) In einem Schwimmverein gibt es drei Beitragsklassen:
Sechzig Prozent der Mitglieder sind Kinder und bezahlen monatlich 15 Euro, dreißig Prozent der Mitglieder sind aktive Erwachsene und bezahlen monatlich 30 Euro, zehn Prozent der Mitglieder sind passive Mitglieder; sie zahlen 10 Euro monatlich.
Durchschnittlicher Monatsbeitrag:

$$\begin{aligned} \bar{x} &= 0.6 \cdot 15 + 0.3 \cdot 30 + 0.1 \cdot 10 \\ &= 19 \end{aligned}$$

(b) Folgende Tabelle ist gegeben:

Gruppe	A	B
Anzahl Gruppenmitglieder	40	16
Anteil Vegetarier [%]	20	50

Mittlerer Anteil der Vegetarier:

Gruppe	A	B
Anzahl Gruppenmitglieder	40	16
Anteil Vegetarier [%]	20	50
Anzahl Vegetarier	$0.2 \cdot 40 = 8$	$0.5 \cdot 16 = 8$

$$\begin{aligned} \bar{x} &= \frac{8+8}{40+16} \\ &= 0.2857 \end{aligned}$$

Lösung 8.10

Der Markt für Teegläser teile sich wie folgt auf vier Unternehmungen auf:

Unternehmung	A	B	C	D
Umsatz [10 Mio. Euro]	2	3	1	14

Konzentrationsraten der größten zwei und drei Teilnehmer:

$$\begin{aligned} n &= 4 \\ S &= 20 \end{aligned}$$

Geordnete Messreihe:	1	2	3	14
Anteile p_i :	0.05	0.1	0.15	0.7

$$CR_2 = 0.15 + 0.7 = 0.85$$
$$CR_3 = 0.1 + 0.85 = 0.95$$

Lösung 8.11
Zu drei Getränken sind Preise und Verkaufsmengen zweier Jahre bekannt:

Gut	Menge 2013	Preis 2013	Menge 2014	Preis 2014
Limo	100	2	75	3
Cola	200	3	250	2
Wasser	50	1	100	2

Preisindizes von Laspeyres und Paasche:

$$P_L = \frac{100\cdot 3+200\cdot 2+50\cdot 2}{100\cdot 2+200\cdot 3+50\cdot 1} = \frac{800}{850} = 0.94118$$
$$P_P = \frac{75\cdot 3+250\cdot 2+100\cdot 2}{75\cdot 2+250\cdot 3+100\cdot 1} = \frac{925}{1000} = 0.925$$

Lösung 8.12
Zwischen dem Gewinn G und dem Werbebudget X einer Unternehmung wird ein linearer Zusammenhang angenommen. Über 10 Monate hat man folgende Beobachtungswerte (je in Tsd. Euro) ermittelt:

x_i	20	20	24	30	25	26	28	34	30	33
g_i	180	160	200	250	250	220	250	280	310	330

Daraus ergeben sich folgende Größen:

$$\sum_{i=1}^{10} x_i = 270$$
$$\sum_{i=1}^{10} g_i = 2430$$
$$\sum_{i=1}^{10} x_i^2 = 7506$$
$$\sum_{i=1}^{10} g_i^2 = 617300$$
$$\sum_{i=1}^{10} x_i \cdot g_i = 67780$$

(a) Lineare Regressionsfunktion:

$$b = \frac{\hat{s}_{xy}}{\hat{s}_x^2}$$

mit

$$\begin{aligned}
\hat{s}_x^2 &= \frac{1}{n}\left(\sum x_i^2\right) - \bar{x}^2 \\
&= 750.6 - 27^2 \\
&= 21.6 \\
\hat{s}_{xg} &= \frac{1}{n}\left(\sum x_i g_i\right) - \bar{x}\bar{g} \\
&= 217.0 \\
b &= \frac{217}{21.6} \\
&= 10.046 \\
a &= \bar{y} - b \cdot \bar{x} \\
&= -28.25 \\
f(x) &= -28.25 + 10.046 \cdot x
\end{aligned}$$

(b) Korrelationskoeffizient:

$$\begin{aligned}
s_g^2 &= 2681.0 \\
r_{xg} &= \frac{s_{xu}}{s_x \cdot s_u} \\
&= 0.902
\end{aligned}$$

Werbebudget und Gewinn sind stark positiv korreliert.

8.2.3 Klausur 3

Lösung 8.13
Vier Merkmale und ihre Skalen:
Zum Beispiel:

- Augenfarbe: Nominalskala
- Güteklasse: Ordinalskala
- Temperatur [°C]: Intervallskala
- Temperatur [°K]: Verhältnisskala
- Häufigkeit: Absolutskala

Lösung 8.14
Die Lebensdauer (in Jahren) von zehn Spülmaschinen eines bestimmten Herstellers wurde ermittelt:

Lebensdauer	Anzahl Spülmaschinen
bis 2	1
über 2 bis 4 einschließlich	1
über 4 bis 6 einschließlich	2
über 6 bis 8 einschließlich	3
über 8 bis 15 einschließlich	3

(a) Fortsetzung der Tabelle:

a_j	h_j	r_h	H_n	F_n
$[0,2]$	1	0.1	1	0.1
$]2,4]$	1	0.1	2	0.2
$]4,6]$	2	0.2	4	0.4
$]6,8]$	3	0.3	7	0.7
$]8,15]$	3	0.3	10	1.0

(b) Empirische Verteilungsfunktion:

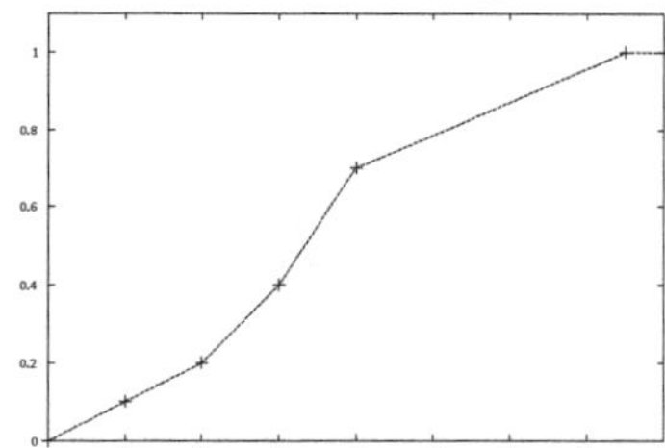

(c) Die Anzahl der Geräte, die höchstens 4 Jahre hielten, ist laut Tabelle = 2.
(d) Die Anzahl der Geräte, die mindestens 6 Jahre hielten; ist laut Tabelle = 6.
(e) Median:

$$\tilde{x} \approx 6 + \frac{0.5-0.4}{0.3} \cdot 2 = 6.\bar{6}$$

(7) $$\bar{x} \approx 1 \cdot 0.1 + 3 \cdot 0.1 + 5 \cdot 0.2 + 7 \cdot 0.3 + 11.5 \cdot 0.3 = 6.95$$

(8) $$\hat{s}^2 = (1-6.95)^2 \cdot 0.1 + (3-6.95)^2 \cdot 0.1 + (5-6.95)^2 \cdot 0.2 + (7-6.95)^2 \cdot 0.3 + (11.5-6.95)^2 \cdot 0.3 = 12.0725$$

$$s = 3.47455$$

Lösung 8.15

(a) Der Preis einer Ware wird über drei Jahre betrachtet. Im ersten Jahr steigt er um 30 %, im zweiten fällt er um 15 % und im dritten steigt er wieder um 20 %. Die durchschnittliche jährliche Preisänderung wird als geometrisches Mittel der Steigerungsfaktoren berechnet, weil Steigerungsraten aus ihrer Natur heraus multiplikativ sind:
Herauskommen soll ja derjenige Steigerungsfaktor, der, wenn konsequent angewandt, zum selben Ergebnis führt wie die einzelnen Steigerungsfaktoren.

$$\begin{aligned}\bar{q} &= \sqrt[3]{1.3 \cdot 0.85 \cdot 1.2} \\ &= 1.09862\end{aligned}$$

Durchschnittliche jährliche Preissteigerung = 9.862 %

(b) Ein Sportverein hat drei Beitragsklassen. Die Hälfte der Mitglieder zahlt 250 Euro, ein Drittel 150 Euro und der Rest 120 Euro pro Jahr.
Der Durchschnittsbeitrag ist das arithmetische Mittel der Beiträge, weil Einzelposten und ihre Anteile gegeben sind.

$$\begin{aligned}\bar{x} &= 0.5 \cdot 250 + \frac{1}{3} \cdot 150 + \frac{1}{6} \cdot 120 \\ &= 195\end{aligned}$$

Lösung 8.16

In einem Land soll die durchschnittliche Preisentwicklung bei Luxus-Duschgels untersucht werden. Gegeben sind folgende Daten (Menge in 1000 Stück, Preise in Euro):

	A		B	
Jahr	Menge	Preis	Menge	Preis
2010	10	45	5	20
2011	12	50	6	15

(a) Preisindizes nach Laspeyres, Paasche und Fisher für die Berichtsperioden 2011 zur Basisperiode 2010:

$$\begin{aligned}{}_{L}IP_{2010}^{2011} &= \frac{\sum p_i^{2011} \cdot q_i^{2010}}{\sum p_i^{2010} \cdot q_i^{2010}} \\ &= \frac{50 \cdot 10 + 15 \cdot 5}{45 \cdot 10 + 20 \cdot 5} \\ &= \frac{500+75}{450+100} = \frac{575}{550} = 1.0\overline{45}\end{aligned}$$

$$\begin{aligned}{}_{P}IP_{2010}^{2011} &= \frac{50 \cdot 12 + 15 \cdot 6}{45 \cdot 12 + 20 \cdot 6} \\ &= 1.0\overline{45}\end{aligned}$$

$${}_{F}IP_{2010}^{2011} = 1.0\overline{45}$$

(b) Beim Preisindex nach Laspeyres stehen im Nenner tatsächliche Umsätze, beim Preisindex nach Paasche stehen im Zähler tatsächliche Umsätze.

(c) Mengenindizes nach Laspeyres und Paasche:

$$
\begin{aligned}
{}_L IM_{2010}^{2011} &= \frac{45{\cdot}12+20{\cdot}6}{45{\cdot}10+20{\cdot}5} \\
&= 1.2 \\
{}_P IM_{2010}^{2011} &= \frac{50{\cdot}12+15{\cdot}6}{50{\cdot}10+15{\cdot}5} \\
&= 1.2
\end{aligned}
$$

(d) Wertindex:

$$
\begin{aligned}
{}_L IW_{2010}^{2011} &= \frac{50{\cdot}12+15{\cdot}6}{45{\cdot}10+20{\cdot}5} \\
&= 1.2\overline{54}
\end{aligned}
$$

Lösung 8.17

Annika war sehr unsportlich. Sie hat sich dann entschlossen, regelmäßig zu schwimmen.

Ihre Ausdauer hat sich in den vergangenen Monaten sehr verbessert und sie hat die längste Zeit, die sie jeweils geschwommen ist, notiert:

Monat [t]	1	2	3	4	5
Zeit [min.] [x]	15	20	30	40	50

Daraus resultieren folgende Zwischenergebnisse:

$$
\begin{aligned}
\textstyle\sum_{i=1}^{n}(t_i - \bar{t})^2 &= 10 \\
\textstyle\sum_{i=1}^{n}(t_i - \bar{t}) \cdot (x_i - \bar{x}) &= 90
\end{aligned}
$$

(a) Trendgerade:

$$
\begin{aligned}
\bar{t} &= \tfrac{1}{5} \cdot (1+2+3+4+5) &&= \tfrac{15}{5} &&= 3.0 \\
\bar{x} &= \tfrac{1}{5} \cdot (15+20+30+40+50) &&= \tfrac{155}{5} &&= 31 \\
\hat{s}_t^2 &= 2.0 \quad \text{aus 1. Zwischenergebnis} \\
\hat{s}_{tx} &= 18.0 \quad \text{aus 2. Zwischenergebnis} \\
b &= \tfrac{s_{tx}}{s_t^2} &&= \tfrac{18}{2} &&= 9.0 \\
a &= \bar{x} - b \cdot \bar{t} &&= 31 - 9 \cdot 3 &&= 4.0 \\
g(t) &= 4 + 9 \cdot t
\end{aligned}
$$

(b) Zeichnung:

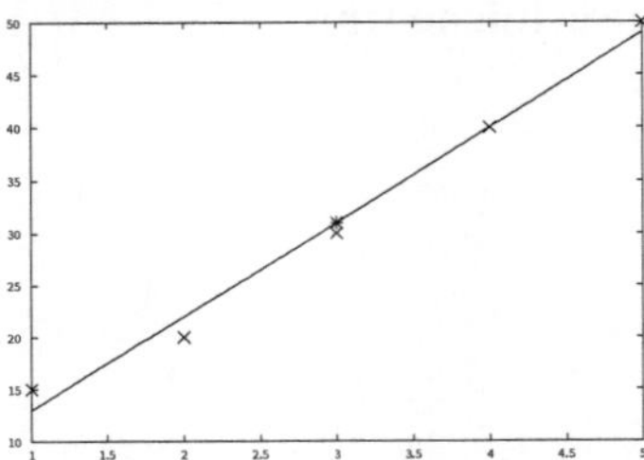

(c) Prognose bei multiplikativem Modell:

$$\begin{aligned}
\tilde{g}(t) &= 1.047 + 0.135 \cdot t \\
g(t) &= 10^{\tilde{g}(t)} &&= 10^{1.047+0.135 \cdot t} \\
g(6) &= 10^{\tilde{g}(6)} &&= 10^{1.047+0.135 \cdot 6} = 71.9449
\end{aligned}$$

(d) Eine lineare Trendfunktion wählt man, wenn das Bestimmtheitsmaß nahe bei 1 liegt, sodass die Punktwolke im Wesentlichen einer Geraden folgt.
Eine exponentelle Trendfunktion wählt man, wenn das Bestimmtheitsmaß der Originaldaten nicht nahe bei 1 liegt, wohl aber das der logarithmierten Daten und die Punktwolke einer gekrümmten Linie folgt; die Daten umspannen dann schon einmal mehrere Größenordnungen.

9 Anhang: Sammmlung wichtiger Formeln

1 Eindimensionale vollständige Datensätze

1.1 Notation

$x = (x_1, \dots, x_n)$	n-Tupel der Messwerte
$x_{(1)}, \dots, x_{(n)}$	geordnete Messwerte
$a_1, \dots, a_m$	Ausprägungen
n	Anzahl der Daten
$h_j = h_n(a_j)$	absolute Häufigkeit der Ausprägung a_j
$r_j = r_n(a_j) = \frac{h_j}{n}$	relative Häufigkeit der Ausprägung a_j

1.2 Empirische Verteilungsfunktion (Relative Summenhäufigkeitsfunktion)

$F_n(x) = \sum_{j:a_j \leq x} \frac{h_n(a_j)}{n}$	Empirische Verteilungsfunktion
$F_n(x) \approx F_n(x^*_{j-1}) + r_j \cdot \frac{(x - x^*_{j-1})}{b_j}$	Klassierte Verteilungsfunktion bei Klasseneinteilung mit Klassengrenzen $x^*_0, \dots, x^*_m$, Klassenbreiten $b_1, \dots, b_m$ und relativen Klassenhäufigkeiten $r_1, \dots, r_m$

1.3 Lageparameter

1.3.1 Modalwert

x_M = Messwert mit maximaler Häufigkeit:

$$h_n(x_M) = \max_j h_n(x_j)$$

Modalwert bei Klasseneinteilung ist die Mitte der Klasse größter Häufigkeit.

1.3.2 Arithmetisches Mittel

$\overline{x} = \frac{1}{n} \sum_{i=1}^{n} x_i$	Arithmetisches Mittel aus den Urdaten
$\overline{x} = \frac{1}{n} \sum_{j=1}^{m} h_j \cdot a_j$	Arithmetisches Mittel aus Häufigkeitsdaten

1.3.3 Quantile

q-Quantil bezüglich der geordneten Messreihe eines ordinal skalierten Merkmals

$$\tilde{x}_q = \begin{cases} x_{(k)} & \begin{array}{l} n \cdot q \text{ nicht ganzzahlig,} \\ k \text{ kleinste ganze Zahl} \\ \text{mit } k > n \cdot q \end{array} \\ \frac{1}{2} \cdot \left(x_{(k)} + x_{(k+1)}\right) & k = n \cdot q \text{ ganzahlig} \end{cases}$$

q-Quantil bezüglich Häufigkeitsdaten eines ordinal skalierten Merkmals

$$\tilde{x}_q = \begin{cases} a_j & \begin{array}{l} F_n \text{ springt bei } a_j \\ \text{von unter auf über } q \end{array} \\ \frac{1}{2} \cdot (a_j + a_{j+1}) & F_n(a_j) = q \end{cases}$$

q-Quantil bei Klasseneinteilung mit K_l = erste Klasse mit $F_n(x_l^*) \geq q$

$$\tilde{x}_q \approx x_{l-1}^* + \frac{q - F_n(x_{l-1}^*)}{r_l} \cdot b_l$$

1.3.4 Harmonisches Mittel

Für Beobachtungswerte x_i, die Quotienten $x_i = \frac{c_i}{d_i}$ sind:

$$\overline{x} = \frac{\sum_{i=1}^{n} x_i \cdot d_i}{\sum_{i=1}^{n} d_i}$$ Mittelwert, wenn Beobachtungswerte x_i und Nenner d_i gegeben sind

$$\overline{x}_h = \frac{\sum_{i=1}^{n} c_i}{\sum_{i=1}^{n} \frac{c_i}{x_i}}$$ Harmonisches Mittel, wenn Beobachtungswerte x_i und Zähler c_i gegeben sind

$$\overline{x}_h = \frac{n}{\sum_{i=1}^{n} \frac{1}{x_i}} = \frac{n}{\sum_{j=1}^{m} \frac{h_n(a_j)}{a_j}} = \frac{1}{\sum_{j=1}^{m} \frac{r_n(a_j)}{a_j}}$$ Harmonisches Mittel, wenn Beobachtungswerte x_i gegeben sind *und alle Zähler gleich sind*

1.3.5 Geometrisches Mittel

Für Beobachtungswerte x_i, die Wachstumsfaktoren sind:

$$\bar{x}_g = \sqrt[n]{x_1 \cdot x_2 \cdot \dots \cdot x_n}$$ Geometrisches Mittel aus den Urdaten für $x_i > 0$ für $i = 1, \dots, n$

1.3.6 Boxplot

Box:
Schachtel vom unteren zum oberen Quartil; Median und arithmetisches Mittel einzeichnen

Zäune:

$$z_l = \tilde{x}_{0.25} - 1,5 \cdot QA$$
$$z_r = \tilde{x}_{0.75} + 1,5 \cdot QA$$

Whiskers:
Linien zum kleinsten und größten Messwert innerhalb der Zäune

Ausreißer:
Beobachtungen außerhalb der Zäune als Einzelpunkte

1.4 Streuungsmaße

1.4.1	$R = x_{(n)} - x_{(1)} = a_m - a_1$	Spannweite
1.4.2	$QA = \tilde{x}_{0.75} - \tilde{x}_{0.25}$	Quartilsabstand
1.4.3	$\tilde{x}_{1-q} - \tilde{x}_q$	Quantilsdifferenz
1.4.4	$d_c = \frac{1}{n}\sum_{i=1}^{n} \lvert x_i - c\rvert$	Mittlerer absoluter Abstand von einer Zahl c aus den Urdaten
	$d_c = \frac{1}{n} \cdot \sum_{j=1}^{m} h_n(a_j) \cdot \lvert a_j - c\rvert$	Mittlerer absoluter Abstand von einer Zahl c aus Häufigkeitsdaten
	$d_{\tilde{x}}$	Mittlerer absoluter Abstand vom Median
1.4.5	$\hat{s}^2 = \frac{1}{n} \cdot \sum_{i=1}^{n}(x_i - \bar{x})^2 = \frac{1}{n} \cdot \left(\sum_{i=1}^{n} x_i^2\right) - \bar{x}^2$	Varianz eines Datensatzes der Länge $n \geq 1$ aus den Urdaten
	$\hat{s}^2 = \frac{1}{n}\sum_{j=1}^{m} h_j \cdot (a_j - \bar{x})^2 = \frac{1}{n} \cdot \left(\sum_{j=1}^{m} h_j \cdot a_j\right) - \bar{x}^2$	Varianz eines Datensatzes der Länge $n \geq 1$ aus Häufigkeitsdaten
	$\hat{s} = \sqrt{\hat{s}^2}$	Standardabweichung eines Datensatzes
	$\hat{v} = \frac{\hat{s}}{\bar{x}}$	Variationskoeffizient eines Datensatzes

2 Zweidimensionale (verbundene) vollständige Datensätze

2.1 Notation

$(x, y) = ((x_1, y_1), \dots, (x_n, y_n))$	Zweidimensionaler Datensatz
$a_1, \dots, a_m$	Ausprägungen von Merkmal X
$b_1, \dots, b_l$	Ausprägungen von Merkmal Y
$h_{jk} = h_n(a_j, b_k)$	absolute Häufigkeit des Paars (a_j, b_k)
$r_{jk} = r_n(a_j, b_k) = \frac{h_{jk}}{n}$	relative Häufigkeit des Paars (a_j, b_k)
$h_{j\cdot} = \sum_{k=1}^{l} h_{jk}$	absolute Häufigkeit der Ausprägung a_j des Zeilenmerkmals X
$h_{\cdot k} = \sum_{j=1}^{m} h_{jk}$	absolute Häufigkeit der Ausprägung b_k des Spaltenmerkmals Y

2.2 Bedingte Verteilungen

2.2.1	$r(b_k \mid a_j) = \frac{h_{jk}}{h_{j\cdot}}$	bedingte relative Häufigkeit der Ausprägung b_k des Spaltenmerkmals unter der Zeilenbedingung a_j
2.2.2	$r(a_j \mid b_k) = \frac{h_{jk}}{h_{\cdot k}}$	bedingte relative Häufigkeit der Ausprägung a_j des Zeilenmerkmals unter der Spaltenbedingung b_k

Bedingte Parameter:

Lage- und Streuungsparameter werden aus der jeweiligen Zeile bzw. Spalte ermittelt.

2.3 Korrelationsrechnung

2.3.1	$\hat{s}_{xy} = \frac{1}{n} \sum_{i=1}^{n} (x_i - \bar{x}) \cdot (y_i - \bar{y})$	Kovarianz eines metrischen Datensatzes der Länge $n \geq 1$ aus den Urdaten
	$= \frac{1}{n} \left(\sum_{i=1}^{n} x_i \cdot y_i \right) - \bar{x} \cdot \bar{y}$	
2.3.2	$r_{xy} = \frac{s_{xy}}{s_x \cdot s_y} = \frac{\hat{s}_{xy}}{\hat{s}_x \cdot \hat{s}_y}$	Korrelationskoeffizient metrischer Merkmale
2.3.3	$\chi^2 = \sum_{j=1}^{m} \sum_{k=1}^{l} \frac{\left(h_{jk} - \frac{h_{j\cdot} \cdot h_{\cdot k}}{n} \right)^2}{\frac{h_{j\cdot} \cdot h_{\cdot k}}{n}}$	Chi-Quadrat-Koeffizient
	$\chi^2 = \frac{n \cdot (h_{11} \cdot h_{22} - h_{12} \cdot h_{21})^2}{h_{1\cdot} \cdot h_{2\cdot} \cdot h_{\cdot 1} \cdot h_{\cdot 2}}$	Chi-Quadrat-Koeffizient im Fall einer Vierfeldertafel

2.4 Regressionsrechnung

2.4.1 Regressionsgerade von y auf x

$\hat{y} = f(x)$	$= a + b \cdot x$	Regressionsgerade
	$= \bar{y} + b \cdot (x - \bar{x})$	
$b = \frac{s_{xy}}{s_x^2}$	$= r_{xy} \cdot \frac{s_y}{s_x}$	Steigung
$a = \bar{y} - b \cdot \bar{x}$		y-Achsen-Abschnitt
$B = \frac{s_{xy}^2}{s_x^2 \cdot s_y^2}$	$= r_{xy}^2$	Bestimmtheitsmaß

2.4.2 Regression bei exponentiellem Zusammenhang:

$\hat{y} = f(x) = a \cdot b^x = 10^{\tilde{a}+\tilde{b}\cdot x}$ mit

$\tilde{a}, \tilde{b}$ = Parameter der Regressionsfunktion der logarithmierten Datenreihe $(x_i, \log_{10}(y_i))$

Linearisiertes Modell:

$$\log_{10}(\hat{y}) = \tilde{a} + \tilde{b} \cdot x$$
$$b = 10^{\tilde{b}}$$
$$a = 10^{\tilde{a}}$$

3 Zeitreihenanalyse

3.1 Notation:

x_t	Daten einer Zeitreihe	für $t = 1, \dots, T$
$\hat{x}_t = f(t)$	Trendkomponente	
s_t	Saisonkomponente	
z_t	Irreguläre Restkomponente	

3.2 Additives Komponentenmodell

Bezüglich Zeitpunkten $t = 1, \dots, T$:	Bezüglich Perioden (Zeilen) $p = 1, \dots, P$, und Unterperioden (Spalten) $j = 1, \dots, k$:
$x_t = \hat{x}_t + s_t + z_t$	$x_{p,j} = \hat{x}_{p,j} + s_j + z_{p,j}$

3.2.1 Trendfunktion

Trendfunktion ist die Regressionsgerade $\hat{x}_t = a + b \cdot t$ mit

$$b = \frac{s_{tx}}{s_t^2}$$
$$a = \bar{x} - b \cdot \bar{t}$$

3.2.2 Schätzung der Saisonkomponenten

Pro Saison:

Saisonkomponente = Mittelwert der trendbereinigten Daten zu dieser Unterperiode

$s_j = \frac{1}{P} \cdot \sum_{p=1}^{P} (x_{p,j} - \hat{x}_{p,j})$ für Unterperioden (Spalten) $j = 1, \dots, k$, Perioden (Zeilen) $p = 1, \dots, P$

3.3 Multiplikatives Komponentenmodell

Bezüglich Zeitpunkten $t = 1, \dots, T$:	Bezüglich Perioden (Zeilen) $p = 1, \dots, P$, und Unterperioden (Spalten) $j = 1, \dots, k$:
$x_t = \hat{x}_t \cdot s_t \cdot z_t$	$x_{p,j} = \hat{x}_{p,j} \cdot s_j \cdot z_{p,j}$

3.3.1 Trendfunktion

Trendfunktion ist die Regressionsfunktion bei exponentiellem Zusammenhang $\hat{x}_t = 10^{\tilde{a} + \tilde{b} \cdot t}$ mit den Parametern $\tilde{a}, \tilde{b}$ der logarithmierten Zeitreihe.

3.3.2 Schätzung der Saisonkomponente

Pro Saison:

logarithmierte Saisonkomponente =
Mittelwert der trendbereinigten logarithmierten Daten zu dieser Unterperiode

Saisonkomponente $s_j = 10^{\text{logarithmierte Saisonkomponente}_j}$

4 Konzentrationsmessung

4.1 Lorenzkurve und Gini-Koeffizient

Bezüglich der geordneten Messreihe $x_{(1)}, \dots, x_{(n)}$

n	Anzahl der Daten
$u_i = \frac{i}{n}$	Kumulierter Anteil der Merkmalsträger für $i = 1, \dots, n$
$p_i = \frac{x_i}{\sum_{k=1}^{n} x_{(k)}}$	Merkmalsanteil
$v_i = \frac{\sum_{k=1}^{i} x_{(k)}}{\sum_{k=1}^{n} x_{(k)}}$	Kumulierte relative Merkmalssumme für $i = 1, \dots, n$
$G = \frac{2\sum_{k=1}^{n} k \cdot x_{(k)}}{n \cdot \sum_{k=1}^{n} x_{(k)}} - \frac{n+1}{n} = \frac{1}{n} \cdot \left(n - 1 - 2 \cdot \sum_{i=1}^{n-1} v_i\right)$	Gini-Koeffizient

4.2 Herfindahl-Index und Konzentrationsrate

$H = \sum_{i=1}^{n} p_i^2$	Herfindahl-Index
CR_g	Konzentrationsrate = Summe der Marktanteile der größten g Teilnehmer

5 Verhältnis- und Indexzahlen

5.1 Messzahlen

5.1.1 Notation

x_t	Merkmalswerte für $t = 0, \dots, T$
0	Basisperiode
t	Berichtsperiode
$M_0^t = \frac{x_t}{x_0}$	Messzahl für die Periode t zur Basis 0

5.2 Indexzahlen

5.2.1 Notation

p_i^t	Preis des i-ten Guts zum Zeitpunkt t
q_i^t	Menge des i-ten Guts zum Zeitpunkt t

5.2.2 Definitionen

5.2.2.1 Preisindex nach Laspeyres für die Berichtsperiode t zur Basisperiode 0:

$$_{L}IP_0^t = \frac{\sum_{i=1}^m p_i^t \cdot q_i^0}{\sum_{i=1}^m p_i^0 \cdot q_i^0}$$

5.2.2.2 Preisindex nach Paasche für die Berichtsperiode t zur Basisperiode 0:

$$_{P}IP_0^t = \frac{\sum_{i=1}^m p_i^t \cdot q_i^t}{\sum_{i=1}^m p_i^0 \cdot q_i^t}$$

5.2.2.3 Mengenindex nach Laspeyres für die Berichtsperiode t zur Basisperiode 0:

$$_{L}IM_0^t = \frac{\sum_{i=1}^m q_i^t \cdot p_i^0}{\sum_{i=1}^m q_i^0 \cdot p_i^0}$$

5.2.2.4 Mengenindex nach Paasche für die Berichtsperiode t zur Basisperiode 0:

$$_{P}IM_0^t = \frac{\sum_{i=1}^m q_i^t \cdot p_i^t}{\sum_{i=1}^m q_i^0 \cdot p_i^t}$$

5.2.2.5 Index nach Fisher

$$_{F}I_0^t = \sqrt{_{L}I_0^t \cdot {_{P}I_0^t}}$$

5.2.2.6 Wertindex für die Berichtsperiode t zur Basisperiode 0:

$$IW_0^t = \frac{\sum_{i=1}^m p_i^t \cdot q_i^t}{\sum_{i=1}^m p_i^0 \cdot q_i^0}$$

6 Stichproben

Wird ein Datensatz als Stichprobe einer größeren Grundgesamtheit genutzt, so müssen als Schätzer für die Streuungsmaße der Grundgesamtheit folgende Werte herangezogen werden:

6.1 Abweichende Streuungsmaße eindimensionaler Datensätze

6.1.1

$$s^2 = \frac{1}{n-1} \sum_{i=1}^n (x_i - \bar{x})^2 = \frac{1}{n-1} \left[\sum_{j=1}^m x_i^2 - n \cdot \bar{x}^2\right]$$

Varianz einer Stichprobe der Länge $n > 1$ aus den Urdaten

s^2	$= \frac{1}{n-1} \sum_{j=1}^{m} h_j \cdot (a_j - \bar{x})^2$	Varianz einer Stichprobe der Länge $n > 1$ aus Häufigkeitsdaten
s	$= \sqrt{s^2}$	Standardabweichung einer Stichprobe
v	$= \frac{s}{\bar{x}}$	Variationskoeffizient einer Stichprobe

6.2 Abweichende Streuungsmaße zweidimensionaler Datensätze

6.2.1 $s_{xy} = \frac{1}{n-1} \sum_{i=1}^{n} (x_i - \bar{x}) \cdot (y_i - \bar{y})$ — Kovarianz einer Stichprobe der Länge $n > 1$ aus den Urdaten

$$= \frac{1}{n-1} \cdot \left[\sum_{i=1}^{n} x_i \cdot y_i - n \cdot \bar{x} \cdot \bar{y} \right]$$